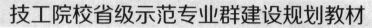

技工院校省级示范专业群建设规划教材

电子工艺与EDA

徐连成　主　编

孟宪雷　刘福祥　孔宪林　副主编

U0236001

化学工业出版社

·北京·

本书共分四个项目，包括原理图设计基础、原理图元件库的设计、层次原理图设计、印制电路板设计基础、印制电路板编辑、PCB封装库的封装设计、电路仿真、装配工艺卡编制、印制电路板抄板的方法及步骤、制作印制电路板的方法及步骤。

本书图文并茂，实用性强，可作为职业学校、技工学校的教材，也可作为相关人员的培训教材，还可作为技术人员学习用书。

由于职业学校、技工学校的学生英语水平较弱，为方便学习，书中英文部分做了译释。

图书在版编目（CIP）数据

电子工艺与EDA/徐连成主编. —北京：化学
工业出版社，2018.3
ISBN 978-7-122-31561-8

Ⅰ.①电… Ⅱ.①徐… Ⅲ.①电子电路-电路设计-
计算机辅助设计 Ⅳ.①TN702

中国版本图书馆CIP数据核字（2018）第036577号

责任编辑：廉　静　　　　　　　　　文字编辑：陈　喆
责任校对：王　静　　　　　　　　　装帧设计：王晓宇

出版发行：化学工业出版社（北京市东城区青年湖南街13号　邮政编码100011）
印　　刷：北京京华铭诚工贸有限公司
装　　订：北京瑞隆泰达装订有限公司
787mm×1092mm　1/16　印张11¾　字数296千字　2018年5月北京第1版第1次印刷

购书咨询：010-64518888（传真：010-64519686）　售后服务：010-64518899
网　　址：http://www.cip.com.cn
凡购买本书，如有缺损质量问题，本社销售中心负责调换。

定　　价：29.80元

前言

FOREWORD

泰安技师学院"电气自动化设备安装与维修专业群"是山东省首批技工院校省级示范专业群建设项目。按照省级示范专业群建设项目要求，学院省级示范专业群建设领导小组组织编写《电子工艺与EDA》一书，本书为示范专业群建设项目教材建设内容之一。

《电子工艺与EDA》是针对职业院校电子类、电气类、机电类等专业编写的一体化教材。本书结合电子厂电子产品设计和改进、升级时，要绘制电路原理图，设计、制作电路印制线路板的实践需求，以"理论够用，重视操作"为原则，系统地介绍了Altium Designer13的中文设计环境，结合大量工作项目重点讲述了电路原理图和印制电路板的设计方法和技巧，同时对电路原理图的仿真、印制电路板生产制造文件的输出等也进行了论述。

本书具有以下特点。

1. 以任务驱动：将完成项目任务作为目的精选教学内容，知识点分布由浅入深，从简到繁。

2. 以案例导入：通过案例导入对涉及的知识点进行阐述。

3. 理论-实践一体化：做到"教、学、做"一体化。本书框架上由知识目标、技能目标、项目概述、任务描述、任务分析、知识准备、任务实施、拓展训练组成。

4. 以学习过程为线索：图文并茂，对话框式教学。

本书由徐连成任主编，孟宪雷、刘福祥、孔宪林任副主编。孟宪雷编写项目一的任务一，刘福祥编写项目一的任务二，孔宪林编写项目二的任务二，徐连成编写项目二的任务一，项目三的任务一、任务二、任务三，郭刚编写项目四的任务二，朱倩倩编写项目四的任务一，郭刚、刘明伟、王静、王娜共同编写项目四的任务三。配套课件：项目一任务一，项目二任务一、任务二，项目三任务一、任务三由徐连成制作，项目一任务二、项目四任务一由朱倩倩制作，项目四任务二、任务三由郭刚制作，项目三任务二由王娜制作。

本书在编写过程中，得到了泰安技师学院专业群建设领导小组的大力支持，实习部和专业教研组的同志提出了许多宝贵意见，在此一并致谢。

由于编者经验不足，水平有限，书中难免存在不足之处，敬请广大读者和同行批评指正。

编者

目 录

CONTENTS

项目一
原理图设计

知识目标

① 掌握 Altium Designer13 原理图设计流程；
② 掌握原理图绘制方法；
③ 熟悉原理图库文件的编辑环境；
④ 理解集成库的概念。

技能目标

① 熟练掌握放置元件、导线、电源/地和输入/输出端口的方法；
② 会用 Altium Designer13 绘制电路原理图；
③ 熟练掌握绘制原理图元件的方法；
④ 掌握从库中复制元件，然后修改为自己需要的元件的方法。

项目概述

印制电路板（PCB 线路板），又称印刷电路板，是电子元器件电气连接的提供者。它的发展已有 100 多年的历史了；它的设计主要是版图设计。

本项目利用 Altium Designer13 提供的编辑系统绘制电路原理图。在绘制原理图时遇到集成元件库里没有的元件，就需要自己设计元件，利用原理图元件库编辑环境中的绘图工具绘制元件。

任务一 ▷▷▷
原理图设计基础

知识目标

① Altium Designer13 入门；
② 掌握 Altium Designer13 原理图设计流程；

③ 理解原理图绘制方法；

④ 掌握原理图编辑方法。

技能目标

① 熟悉主菜单、工具栏的使用方法；

② 熟练掌握放置元件、导线、电源/地和输入/输出端口的方法；

③ 会用 Altium Designer13 绘制电路原理图。

任务概述

印制电路板的主要优点是大大减少布线和装配的差错，提高了自动化水平和生产劳动率。印制电路板广泛应用于计算器、通用电脑、通信电子设备、军用武器系统，那么印制电路板是怎么样设计出来的？本章通过绘制电路原理图的任务，学习印制电路板的设计基础。

任务描述

绘制一张原理图，为印制线路板的设计提供元器件布置、连线依据。

任务分析

启动 Altium Designer13 创建工程文件、添加原理图文件，利用原理图编辑窗口绘制电路原理图。

知识准备

PCB（Printed Circuit Board），中文名称为印制电路板，又称印刷电路板，是重要的电子部件，是电子元器件的支撑体，是电子元器件电气连接的提供者。印制电路由元件符号和布线组成，与电路原理图一一对应。Altium Designer13 提供了电路原理图的绘制方法。

一、Altium Designer13 的安装

步骤如下：

步骤 1　安装 Altium Designer13：下载安装包并解压，双击打开 Altium Designer13 文件夹。即可运行 AltiumInstaller.exe 文件进行安装。

步骤 2　点 "NEXT"，选择中文，勾选同意协议。

步骤 3　点 "NEXT"，选安装 PCB Design。

步骤 4　选安装目录，一路点 "NEXT"，进行安装，安装结束选择不启动。

步骤 5　破解软件：打开 Licenses 文件夹，复制授权文件 Altium 2013 SN-1300001 到安装目录 Altium \ AD 下。

步骤 6　汉化：启动 Altium Designer13，点左上角 DXP 按钮，依次选择 Preferences—System—General，在最下面选择 Use localized resources，点击 OK 后，重新启动软件就变成汉语了。

二、Altium Designer13 文件结构

PCB 设计过程：建立一个工程文件来管理所有设计中生成的文件。

PCB 设计工程项目文件（＊.PrjPCB）负责管理以下文件：原理图文件（.SchDoc）、元器件库文件（.SchLib）、网络报表文件（.NET）、PCB 设计文件（.PcbDoc）、PCB 封装库文件（.PcbLib）、报表文件（.REP）、CAM 报表文件（.Cam）。

工程文件的作用：建立与单个文件之间的链接关系，方便电路设计的组织和管理。

原理图文件（.SchDoc）的作用：通过原理图编辑窗口绘制原理图。

三、Altium Designer13 的原理图和 PCB 设计系统

电路设计软件 Altium Designer13 主要包含 4 个组成部分：原理图设计系统、PCB 设计系统、电路仿真系统、可编程程序设计系统。

Schematic DXP：电路原理图绘制部分，提供超强的电路绘制功能。设计者不但可以绘制电路原理图，还可以绘制一般的图案，并插入图片，对原理图进行注释。原理图设计中的元件由元件符号库支持，对于没有符号库的元件，设计者可以自己绘制元件符号。

PCB DXP：印制电路板设计部分，提供超强的 PCB 设计功能。Altium Designer13 有完善的布局和布线功能，PCB 需要由元件封装库支持，对于没有封装库的元件，设计者可以自己绘制元件封装。

SIM DXP：电路仿真部分。在电路图和印制板设计完成后，需要对电路设计进行仿真，以便检查电路设计是否合理，是否存在干扰。

PLD DXP：可编程逻辑设计部分。由用户根据实际需要自行设计构造的具有逻辑功能的数字集成电路，包括可编程逻辑器件和可编程逻辑阵列。

四、Altium Designer13 的工作窗口

Altium Designer13 启动以后的环境窗口，设有主菜单、工具栏；左边为"File"面板（文件工作面板），中间是主工作面板，右边是"库"面板，下面是状态栏。

主菜单包括 DXP、文件、视图、工程、窗口、帮助。

"DXP"菜单包括一些用户"配置"命令。

"文件"菜单主要用于文件的创新、打开和保存。

"视图"菜单主要用于工具栏、工作区面板、命令行及状态栏的显示和隐藏。

"工程"菜单主要用于工程文件的管理，包括工程文件的编译、添加、删除、差异显示和版本控制。

"窗口"菜单用于对窗口进行纵向排列、横向排列、打开、隐藏及关闭操作。

"帮助"菜单用于打开各种帮助信息。

五、工具栏

工具栏 ▯ ▱ ◈ ▣ ▤ 的 5 个按钮，分别用于新建文件、打开已存在的文件、打开设备视图页面、打开 PCB 发布视图和打开工作区控制面板。

六、原理图设计流程

电路原理图主要由元器件符号、电气连接线及功能注解等基本元素组成，设计者通过对这些基本元素的组合和连接来表达设计意图。原理图设计流程如图 1-1 所示。

```
┌─────────────────┐
│   建立 PCB 工程    │
└─────────────────┘
         ↓
┌─────────────────┐
│   添加原理图文件    │
└─────────────────┘
         ↓
┌─────────────────┐
│  原理图图纸基本设置  │
└─────────────────┘
         ↓
┌─────────────────┐ ←──────────┐
│  查找和放置元器件   │           │
└─────────────────┘           │
         ↓                    │
┌─────────────────┐           │
│   原理图布线       │           │
└─────────────────┘           │
         ↓                    │
┌─────────────────┐           │
│   生成网络表       │           │
└─────────────────┘           │
         ↓                    │
┌─────────────────┐           │
│   编译和调整       │           │
└─────────────────┘           │
         ↓                    │
      ╱是否全部完成╲  否 ───────┘
      ╲         ╱
         ↓ 是
┌─────────────────┐
│   输出报表        │
└─────────────────┘
         ↓
┌─────────────────┐
│    结束          │
└─────────────────┘
```

图 1-1　Altium Designer13 电路原理图的设计流程

七、原理图编辑器简介

创建原理图后自动进入原理图编辑器，如图 1-2 所示。

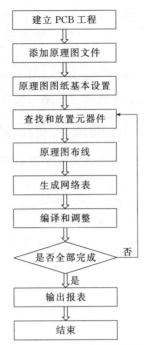

图 1-2　原理图编辑器

1. 主菜单

主菜单如图 1-3 所示。

图 1-3　主菜单

主菜单功能描述如表 1-1 所示。

表 1-1　主菜单功能描述

主 菜 单 项	功能描述
File(文件)	文件的新建、打开、关闭、导入、保存、打印,打开工程
Edit(编辑)	剪切、拷贝、粘贴、查找、替代、选中、取消、删除、移动等
View(察看)	工作区的放大、缩小、栅格切换、单位切换,工具栏、状态栏开/关
Project(工程)	编译、关闭工程、工作区选项、给工程添加新文件、设置工程编译选项
Place(放置)	放置总线、分支、元件、节点、导线、电源端口、网络标号、文本、注释
Design(设计)	浏览、添加、移除、生成元件库、模板更新、设置,生成网络表、文档等
Tools(工具)	电气错误检查、元件查找、自动排序、封装原理图参数设置、选择 PCB 元件
Simulator(仿真器)	选择仿真测试平台,运行仿真电路
Reports(报告)	元件清单、引脚信息、测量距离
Window(窗口)	窗口平铺、水平平铺、垂直平铺、关闭文档
Help(帮助)	快捷键使用说明

2. 工具栏

工具栏包括原理图标准工具栏、布线工具栏、绘图工具栏。

(1) 原理图标准工具栏

原理图标准工具栏如图 1-4 所示。原理图标准工具栏的功能如表 1-2 所示。

图 1-4　原理图标准工具栏

表 1-2　原理图标准工具栏的功能

按钮	功能	按钮	功能
	(Ctrl+N)打开任何文件		(Ctrl+C)拷贝
	(Ctrl+O)打开已存在的文件		(Ctrl+V)粘贴
	(Ctrl+S)保存当前文件		(Ctrl+R)橡皮图章
	直接打印当前文件		选择区域内的对象
	生成当前文件的打印预览		移动选择对象
	打开器件视图页面		取消选择所有打开的当前文件
	打开 PCB 发布视图		(Shift+C)清除当前过滤器
	打开工作面板控制界面		(Ctrl+Z)取消
	(Ctrl+PageUp)最大比例 显示电路原理图上所有元件		(Ctrl+V)重做
	在工作窗口中,只放大选中的区域		上下层次
	虚线框确定范围,缩放选中的区域		交叉探针到打开的文件
	下划线连接:设置下划线颜色		浏览元件库
	(Ctrl+X)剪切		

（2）布线工具栏

布线工具栏如图 1-5 所示。布线工具栏的功能如表 1-3 所示。

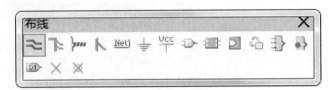

图 1-5　布线工具栏

表 1-3　布线工具栏的功能

按钮	功能	按钮	功能	按钮	功能
	放置导线	Net	放置网络标号		放置图纸入口
	放置总线		放置 GND 端口		放置元件图表符
	放置信号线束	VCC	放置 VCC 电源端口		放置线束连接器
	放置总线分支		放置元件		放置忽略 ERC 检查点
	放置线束入口	D1	放置端口		
	不针对特殊结果		放置图表符		

（3）绘图工具栏

绘图工具栏如图 1-6 所示。绘图工具栏包括实用工具栏、排列工具栏、电源工具栏、数字元件工具栏、仿真工具栏和栅格工具栏。

① 实用工具栏：实用工具栏的功能如表 1-4 所示。

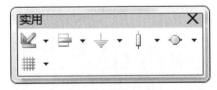

图 1-6　绘图工具栏

表 1-4　实用工具栏的功能

按钮	功能	按钮	功能	按钮	功能
	放置直线	A	放置文本字符串		放置圆角矩形
	放置多边形		放置		放置椭圆
	放置椭圆形		放置文本		放置饼形圆
	放置贝塞尔曲线		放置矩形		放置图像

② 排列工具栏：排列工具栏的功能如表 1-5 所示。

表 1-5　排列工具栏的功能

按钮	功能	按钮	功能	按钮	功能
	元件左对齐 （Shift＋Ctrl＋L）		元件右对齐 （Shift＋Ctrl＋R）		元件对齐到当前栅格上 （Shift＋Ctrl＋D）
	元件水平中心对齐排列		元件水平等间距对齐排列 （Shift＋Ctrl＋H）		元件垂直中心对齐排列
	元件顶对齐排列 （Shift＋Ctrl＋T）		元件底对齐排列 （Shift＋Ctrl＋B）		垂直等间距对齐排列 （Shift＋Ctrl＋V）

③ 电源工具栏：电源工具栏的功能如表 1-6 所示。

表 1-6　电源工具栏的功能

按钮	功能	按钮	功能	按钮	功能
	放置 GND 端口		放置－5V 电源端口		放置环型电源端口
	放置 VCC 电源端口		放置箭头型电源端口		放置信号地电源端口
	放置＋12V 电源端口		放置波型电源端口		放置地端口
	放置＋5V 电源端口		放置 Bar 型电源端口		

④ 数字元件工具栏：数字元件工具栏的功能如表 1-7 所示。

表 1-7　数字元件工具栏的功能

按钮	功能	按钮	功能
	1kΩ 电阻		100kΩ 电阻
	4.7kΩ 电阻		0.01μF 电容
	10kΩ 电阻		0.1μF 电容
	47kΩ 电阻		1μF 电容
	双带 RS 和 CR D PET 触发器		四二输入异或门
	六角倒相器		四二输入正与门
	四总线缓冲器 3SO		八总线收发器 3SO
	2.2μF 电容		10μF 电容
	四二输入正与非门		四二输入正或非门
	3-8 译码器/多路输出选择器		四二输入正或门

⑤ 仿真工具栏：仿真工具栏的功能如表 1-8 所示。

表 1-8　仿真源工具栏的功能

按钮	功能	按钮	功能	按钮	功能
+5 ○	正 5V 电源	∿ 100K	100kHz 正弦波	⊓ 1K	1kHz 脉冲
−5 ○	负 5V 电源	∿ 1M	1MHz 正弦波	⊓ 10K	10kHz 脉冲
∿ 1K	1kHz 正弦波	+12 ○	正 12V 电源	⊓ 100K	100kHz 脉冲
∿ 10K	10kHz 正弦波	−12 ○	负 12V 电源	⊓ 1M	1MHz 脉冲

⑥ 栅格工具栏：栅格工具栏的功能如表 1-9 所示。

表 1-9　栅格工具栏的功能

按钮	功　能	按钮	功　能
⊞	循环跳转栅格(G)	⊞	切换可视栅格(V) Shift＋ Ctrl ＋G
⊞	循环跳转栅格(反向) (R)Shift＋G	⊞	切换电气栅格(E) Shift＋ E
⊞	设置跳转栅格(S)		

3. 浏览元件库

浏览元件库如图 1-7 所示。

浏览元件库功能：加载元件库，选择和使用元件库，过滤器查找元件库中的元件，选择元件名称、符号、封装，放置元件，查找库中没有的元件。

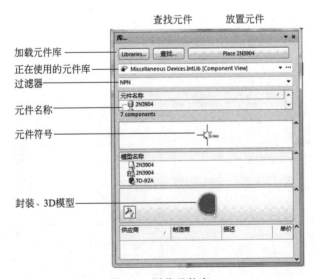

图 1-7　浏览元件库

4. 原理图图纸的设置

设置原理图图纸的方法：在原理图编辑窗口单击鼠标右键→选项→图纸→"文档选项"

进入"图纸参数设置"对话框，如图 1-8 所示。

（1）图纸大小的设置

公制尺寸：A0、A1、A2、A3、A4。

英制尺寸：A、B、C、D、E。

（2）图纸方向的设置

Landscape：图纸水平放置。

Portrait：图纸垂直放置。

（3）原理图网格的设置

可视网格：是在图纸上显示的网格单位。

捕获网格：最小的移动单位，用于元件和导线的精确定位。

电气网格：用于设置热点捕获。在放置导线和元件时，系统将以鼠标为中心在其周围的圆形区域内自动寻找电气节点，如果存在节点，则鼠标将自动移动到电气节点上并显示为一个红色的叉，这个节点称为热点。

（4）图纸尺度单位设置

英制：千分之一英寸（Miles）、百分之一英寸（默认）、英寸（Inches）。

公制：毫米（Millimeters）、厘米（Centimeters）、米（Meters）。

图 1-8　"图纸参数设置"对话框

5. 元件自动编号

菜单栏→工具栏→工具→注解→"自动编号元件"对话框，如图 1-9 所示。

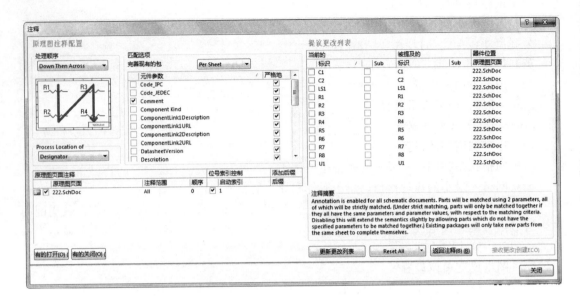

图 1-9　"自动编号元件"对话框

在"处理顺序"处选择编号的顺序。■□☑为开关电源。SchDoc 为需要注释的原理图。

右侧是"提议更改列表"。表中"当前的"是当前的元件编号,"被提及的"是新的编号。单击"Reset All(全部重新编号)"按钮,点击"信息对话框(如图 1-10 所示)"的"OK",原元件编号将被清除。单击"更新更改列表"按钮,重新编号。单击"接收更改(创建 ECO)"按钮,弹出"工程更改顺序"对话框(如图 1-11 所示)。点击"工程更改顺序"会话框中的"生效更改"和"执行更改"按钮,验证更改。点击"报告更改"按钮可以"报告预览"。

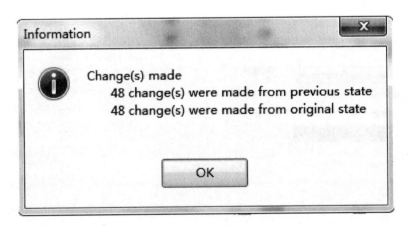

图 1-10　"信息"对话框

元件编号顺序有四种:如图 1-12 所示,Across Then Down(先从左至右,再自上而下);如图 1-13 所示,Across Then Up(先从左至右,再自下而上);如图 1-14 所示,Up Then Across(先自下而上,再从左至右);如图 1-15 所示,Down Then Across(先自上而下,再从左至右)。

图 1-11　"工程更改顺序"对话框

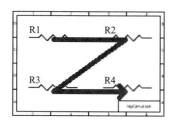

图 1-12　先左右后上下编号

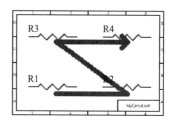

图 1-13　先左右后下上编号

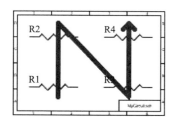

图 1-14　先下上后左右编号

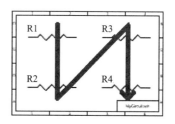

图 1-15　先上下后左右编号

6. 网络标号

在原理图上，网络标号可以被加在元件的引脚、导线、电源/接地符号等具有电气特性的对象上，说明对象所在的网络。具有相同网络标号的对象被认为拥有电气连接，它们连接的引脚被认为处于同一个网络中，网络的名称即为网络标号名。

任务实施

绘制开关电源电路的原理图，如图 1-16 所示。

Altium Designer13 原理图绘制步骤：

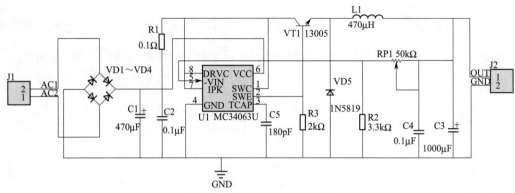

图 1-16 开关电源电路原理图

步骤 1 新建工程文件：文件→工程→PCB 工程→建立工程文件 PCB-Project，如图 1-17所示。

步骤 2 新建原理图文件：工程文件→添加原理图文件→Schematic→建立原理图文件 sch，如图 1-18 所示。

图 1-17 新建工程文件

步骤 3 保存文件→名称为："开关电源电路 . PrjPcb"。

步骤 4 保存工程→名称为："开关电源电路 . SchDoc"。

步骤 5 右击→选项→文档选项→设置图纸大小、方向、网格单位。

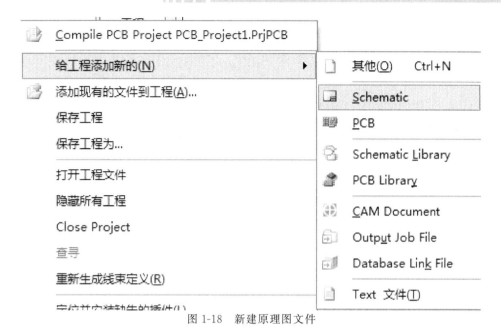

图 1-18　新建原理图文件

步骤 6　加载元件库→📧Miscellaneous Devices. IntLib→输入元件名称→查找元件→放置元件。查找元件需要的元件明细表（即元件属性）如表 1-10 所示。

步骤 7　加载元件库→📧Miscellaneous Connectors. IntLib→输入接线柱名称→查找元件→放置接线柱。

步骤 8　浏览元件/放置元件/改变元件放置方向：按空格键可使元件旋转 90°。

步骤 9　双击元件，进入"元件属性"对话框（按元件属性表 1-10 修改参数）。

放置元件时→按 Tab 键→进入属性选项框→设置元件序号和标称值，如图 1-19 所示。

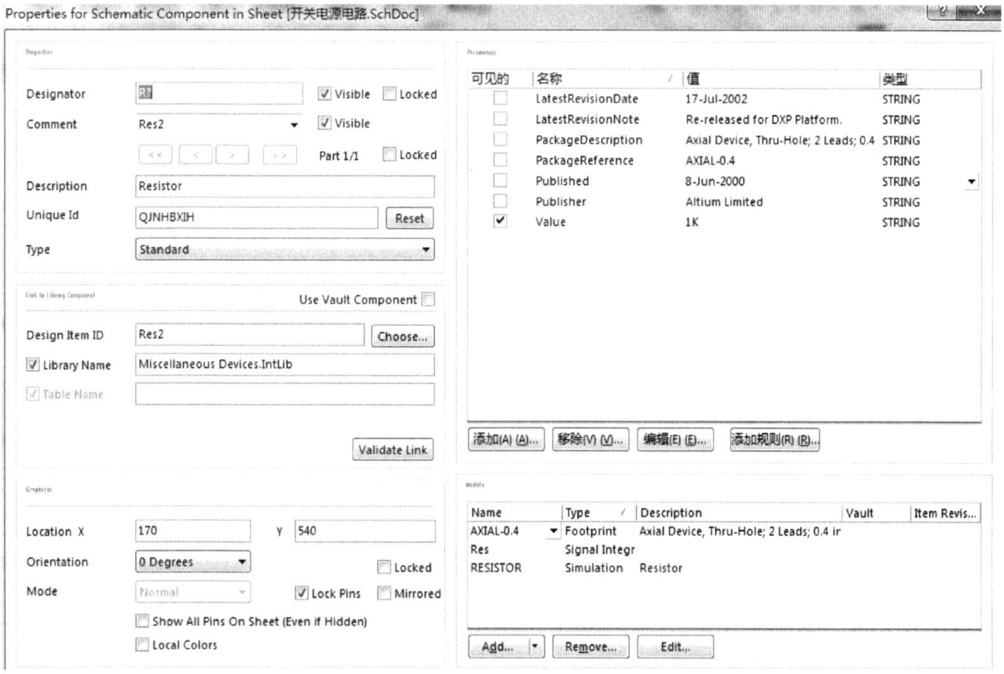

图 1-19　"元件属性"对话框

开关电源电路原理图中的元件布局如图 1-20 所示。

步骤 10　放置导线 ≈ 。

步骤 11　放置接地符号 ⏚ 。

步骤 12　放置节点：通过放置菜单，选择手工放置节点。

步骤 13　放置网络标签：通过放置菜单，选择放置网络标号 Net1 。

绘制开关电源电路原理图，如图 1-16 所示。

表 1-10　开关电源电路元件属性

Description （元器件描述）	Lib Ref （元器件名称）	Footprint （元器件封装）	Designator （元器件标号）	Part Type （元器件标注）
电阻	RES2	AXIAL0.4	R1、R2、R3	0.1Ω/1W、2kΩ、 3.3kΩ
电位器	POT	VR4	RP1	50kΩ
电解电容	CAP2	PB.2/.4	C1、C3	470μF、1000μF
瓷片电容	CAP	RAD0.2	C2、C4、C5	0.1μF、0.1μF、 180pF
二极管	DIODE	DIODE0.4	VD1、VD2、 VD3、VD4	1N4007
二极管	DIODE	DIODE0.4	VD5	1N5819
电感	INDUCTOR	INDC1005-0402	L1	470μH
三极管	NPN	BCY-W3	VT1	13005
集成芯片	MC34063	DIP-8	U1	MC34063
接线柱	HEAD	HEADER2	J1	AC1、AC2
接线柱	HEAD	HEADER2	J2	DC、GND
PCB 板				50mm×40mm

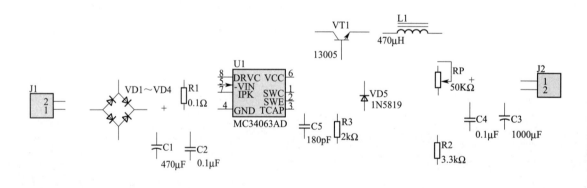

图 1-20　开关电源电路原理图中的元件布局

拓展训练

信号发生器电路原理图的绘制。

项目设计要求：按要求设计信号发生器电路，如图 1-21 所示。信号发生器由比较器（开关作用）和积分器（延迟作用）组成正反馈电路，即比较器输出的方波信号送到积分器的反向输入端，积分器输出三角波信号。

项目设计步骤：

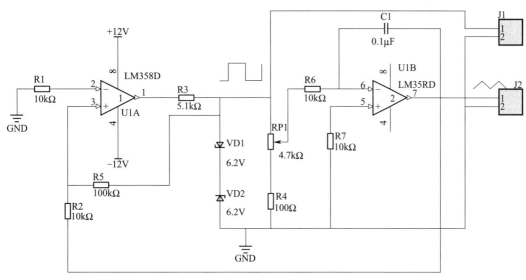

图 1-21　信号发生器电路

步骤 1　新建工程项目文件，取名为"信号发生器电路 . PrjPcb"，在项目中添加名称为"信号发生器电路 . SchDoc"原理图文件。

步骤 2　修改图纸单位为"公制"，捕获和可视网格设为"2mm"。

步骤 3　修改图纸参数，按图 1-22 所示格式在 A4 图纸右下角绘制图纸标题栏，并填写表中内容文字。

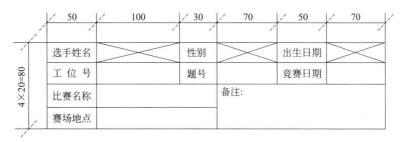

图 1-22　图纸标题栏

Comment	Description	Designator	Footprint	LibRef
Cap	Capacitor	C1	RAD-0.3	Cap
Header 2	Header, 2-Pin	J1, J2	HDR1X2	Header 2
Res2	Resistor	R1, R2, R3, R4, R5, R6, R	AXIAL-0.4	Res2
RPot SM	Square Trimming Potent	RP1	POT4MM-2	RPot SM
LM358D	Dual Low-Power Operat	U1	751-02_N	LM358D
6.2V	Zener Diode	VD1	DIODE-0.7	D Zener
D Zener	Zener Diode	VD2	DIODE-0.7	D Zener

图 1-23　信号发生器电路元件属性

步骤 4　根据电路图 1-21 放置元件、电源/地和测试端口。

步骤 5　绘制导线，放置节点（两线交叉点）。

步骤 6　绘制方波和三角波形图（提示：信号发生器电路元件属性见图 1-23）。

步骤 7　检查是否正确，保存项目。

项目设计重点：

步骤 1　修改原理图"英文"标题栏的方法：右单击→选择"选项"→选择"图纸"→左单击→进入"文档选项"→把 ☑ 标题块　Standard 前的勾去掉→点击"确认"。

步骤 2　图纸标题栏消失以后，在图纸左下角坐标（0，0）处开始绘制表格。

步骤 3　把绘制好的表格移动到图纸右下角。保存以后才能开始绘制原理图，绘制好的"中文标题栏"如图 1-24 所示。

选手姓名		性别		出生日期	
准考证号		题号		竞赛日期	
赛场名称		备注：			
选手单位					

图 1-24　中文标题栏

步骤 4　在过滤器处输入电阻、电位器、二芯插头，双向稳压二极管用两个稳压管反向放置，LM358 使用搜索功能"包含"LM358。绘制好的信号发生器电路如图 1-21 所示。

任务一小结 ▶

任务一介绍了 Altium Designer13 的安装、启动；以开关电源电路为例介绍了原理图设计流程，以及绘制原理图过程中用到的各种绘图工具。

实训作业 ▶

绘制如图 1-25 所示的 PT100 测温模块电路原理图。

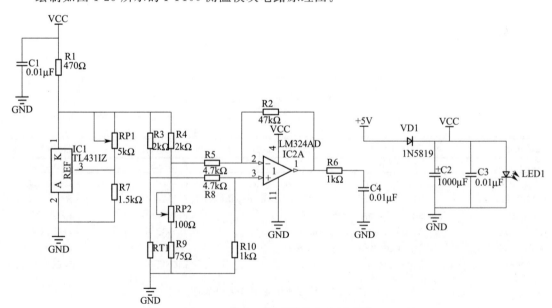

图 1-25　PT100 测温模块电路原理图

提示：PT100 测温模块电路元件属性见图 1-26。

Comment		Description		Designator			Footprint			LibRef
Cap		Capacitor		C1, C3, C4			RAD-0.3			Cap
Cap Pol2		Polarized Capacitor (Axi		C2			POLAR0.8			Cap Pol2
TL431IZ		Programmable Voltage		IC1			TO92			TL431IZ
LM324AD		Quad Low-Power Opera		IC2			751A-02_N			LM324AD
LED0		Typical INFRARED GaAs		LED1			LED-0			LED0
Res2		Resistor		R1, R2, R3, R4, R5, R6, R			AXIAL-0.4			Res2
RPot SM		Square Trimming Potent		RP1, RP2			POT4MM-2			RPot SM
1N5819		3 Amp General Purpose		VD1			DO-201AD			Diode 1N5404

图 1-26 PT100 测温模块电路元件属性

任务二 ▷▷▷
原理图元件库的设计

知识目标

① 熟悉原理图库文件的编辑环境；
② 理解集成库的概念；
③ 了解引脚的属性设置；
④ 了解菜单栏和工具栏的使用。

技能目标

① 熟练掌握绘制原理图元件的方法；
② 掌握从库中复制元件然后修改为自己需要的元件的方法；
③ 掌握原理图元件的编辑方法；
④ 掌握导入自制原理图元件库的方法。

任务概述

元件是原理图的重要组成部分，Altium Designer13 自带的集成库有约八万个元器件。在设计原理图时经常会遇到集成库里没有的元件，这时需要自己设计元件。设计元件是在原理图元件库编辑环境下利用绘图工具绘制元件、编辑元件、复制修改元件。

任务描述

使用原理图元件库绘图工具绘制温度传感器 TCN75 的新元件。

任务分析

创建 PCB 项目，添加原理图库；利用原理图库中的绘图工具绘制元件。

知识准备

一、集成库

Altium Designer13 的集成库文件位于软件安装路径下的 Library 文件夹中，它提供了大量的元器件模型（大约 80000 个符合 ISO 规范的元器件）。设计者可以打开一个集成库文件，执行 Extract Sources 命令从集成库中提取出库的源文件（如图 1-27 所示），在库的源文件中可以对元器件进行编辑。

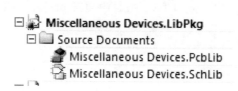

图 1-27　集成库中提取出库的源文件

库文件包（.LibPkg 文件）是集成库文件的基础，它将生成集成库所需的那些分立的原理图库、封装库和模型文件有机地结合在一起。

库文件包（.LibPkg 文件）编译生成集成库（.IntLib 文件）。

二、元件基础知识

原理图上的元件由边框和引脚组成。引脚有电气属性。元件符号由元件符号库管理。创建一个新元件符号的步骤如下：

① 新建 PCB 项目，添加原理图库，设置图纸参数。

② 由芯片数据手册中的元件框图部分，统计元件引脚数目和名称。

③ 新建元件符号，绘制边框，添加引脚，编辑引脚属性。

④ 给元件符号添加说明，编辑整个元件的属性，保存整个元件库。

三、原理图库元器件编辑器（SCH Library）面板介绍

在原理图库编辑界面，单击 SCH Library 标签打开原理图库元器件编辑器管理面板，如图 1-28 所示，其各组成部分介绍如下。

（1）Components 区域

Components 区域用于对当前元器件库中的元件进行管理。可以在 Components 区域对元件进行放置、添加、删除和编辑等工作。Components 区域上方的空白区域用于设置元器件过滤项，在其中输入需要查找的元器件起始字母或者数字，在 Components 区域便显示相应的元器件。

① Place 按钮将 Components 区域中所选择的元器件放置到一个处于激活状态的原理图中。如果当前工作区没有任何原理图打开，则建立一个新的原理图文件，然后将选择的元器件放置到这个新的原理图文件中。

② Add 按钮可以在当前库文件中添加一个新的元件。

③ Delete 按钮可以删除当前元器件库中所选择的元件。

④ Edit 按钮可以编辑当前元器件库中所选择的元件。单击此按钮，屏幕将弹出元件属

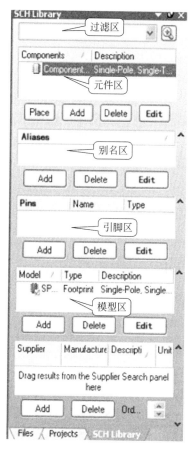

图 1-28 元件库管理面板

性设置窗口，在该窗口中可以对该元件的各种参数进行设置。

（2）Aliases 区域

为一个新创建的元件选择的一个别名（例如不同公司生产的 555 芯片名称不同）。

① 单击 Add 按钮，可为 Components 区域中所选中的元件添加一个新的别名。

② 单击 Delete 按钮，可以删除在 Aliases 区域中所选择的别名。

③ 单击 Edit 按钮，可以编辑 Aliases 区域中所选择的别名。

（3）Pins 信息框

Pins 信息框显示在 Component 区域中所选择元件的引脚信息，包括引脚的序号、引脚名称和引脚类型等相关信息。

① 单击 Add 按钮，可以为元件添加引脚。

② 单击 Delete 按钮，可以删除在 Pins 区域中所选择的引脚。

③ Edit 按钮可以编辑引脚的属性。

（4）Model 信息框

设计者可以在 Model 信息框中为 Components 区域中所选择元件添加 PCB 封装（PCB Footprint）模型、仿真模型和信号完整性分析模型等。

① Add 按钮，为元件添加其他模型。

② Delete 按钮，删除选择的模型。

③ Edit 按钮编辑选择模型的属性。

四、工具栏

1. 绘制原理图符号工具

使用原理图元件绘图工具可以绘制新元件。绘图工具的功能如表 1-11 所示。

表 1-11　原理图元件库绘图标准工具栏的功能

按钮	功能	按钮	功能
/	放置直线	∿	放置贝塞尔曲线
⌒	放置椭圆弧	⊠	放置多边形
A	放置文本字符串	🖋	放置超链接
▣	放置文本框	▤	添加一个新元件
⊃	添加器件部件	□	放置矩形
▢	放置圆角矩形	○	放置椭圆
🖼	放置图像	⌐	放置引脚

2. IEEE 符号工具栏

IEEE 符号工具栏能够绘制符号 IEEE 标准的符号，具体功能如表 1-12 所示。

表 1-12　实用工具栏中的 IEEE 符号按钮的功能

按钮	功能	按钮	功能	按钮	功能
○	放置点符号	◇	放置集电极开路符号	⊢	放置低有效输出符号
←	放置左右信号流符号	▽	放置高阻符号	π	放置 π 符号
⊳	放置时钟符号	▷	放置大电流符号	≥	放置大于等于符号
⊾	放置低有效输入符号	⊓	放置脉冲符号	⊜	集电极开路上拉符号
Ω	放置模拟信号输入符号	⊢⊣	放置延时符号	◇	放置发射极开路符号
✳	放置非逻辑连接符号	]	放置线组符号	⊽	发射极开路上拉符号
⌐	放置迟延输出符号	}	放置二进制组符号	#	数字信号输入符号
▷	放置反相器符号	⤙	放置向左移位符号	◇	放置开路输出符号
⊅	放置或门符号	≤	放置小于等于符号	▷	放置左右信号流
◁▷	放置输入输出符号	Σ	放置 Σ 符号	◁▷	放置双向信号流
▭	放置与门符号	⊓	放置斯密特电路符号		
⊅	放置或门符号	⇥	放置向右移位符号		

五、温度传感器 TCN75 元件的编辑与制作

制作新元件的步骤：

① 创建"工程项目""原理图"文件、"原理图库"文件：新建 TCN75. PrjPcb 项目，添加 TCN75. SchDoc 文件，添加 TCN75. SchLib 文件。

② 查找元件属性：由 TCN75"芯片数据手册"中查出温度传感器 TCN75 的"外形"如图 1-29 所示，统计出元件"引脚数目"和"名称"如表 1-13 所示。

③ 在"原点处"定位矩形：使用绘图工具中的"放置矩形"按钮，在坐标原点（0，0）处放置"矩形"的左上角，矩形的右下角定位在（100，－100）处。

④ 定义"引脚属性"：使用绘图工具中的"放置引脚"按钮，按 Tab 键定义"引脚属性"。

⑤ "重新命名"并"保存"新元件：单击"工具"菜单中"重新命名"器件，名称为 TCN75 SOIC，单击"保存"按钮，保存"新元件"。

⑥ 放置新元件、添加封装：单击右下角"SCH"按钮，打开新建元件库的元器件编辑器管理面板，单击元件区"放置"按钮，把新元件 TCN75 SOIC 放置在原理图中，按 Tab 键，给新元件"添加"DIP-8 的"封装"。新建元件如图 1-30 所示。

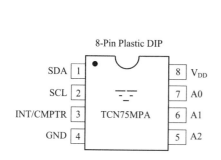

图 1-29　温度传感器 TCN75 外形

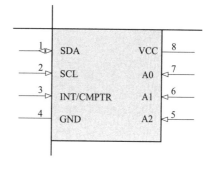

图 1-30　新建元件 TCN75 SOIC

表 1-13　温度传感器 TCN75 引脚属性

引脚序号	名字	状态	电气类型	外形
1	SDA	可见的	I/O	1
2	SCL	可见的	Input	2
3	INT/CMPTR	可见的	Input	3
4	GND	可见的	Power	4
5	A2	可见的	Input	5
6	A1	可见的	Input	6
7	A0	可见的	Input	7
8	V_{DD}	可见的	Power	8

六、快速绘制原理图元件

以芯片 555 为例，绘制原理图时，要求绘制如图 1-32 所示的符号，而元件库中只有如图 1-31 所示的符号，怎么样在绘制原理图时快速实现上述要求？

方法一：点击"文件"→"打开"命令，找到 Altium Designer13 的安装目录点击"Libraries"文件夹，点击"NSC Analog"，弹出"摘录源文件或安装文件"对话框（如图 1-33 所示），单击"摘取源文件"选项，弹出"萃取位置"对话框（如图 1-34 所示），选择"打开已有的集成库工程"，点击"确定"按钮，弹出"释放的集成库"（如图 1-35 所示），点击 NSC Analog.SchLib，这样在元件库里就添加上了包含 555 的元件库。

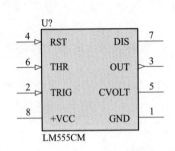

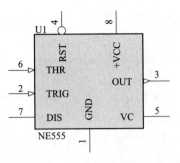

图 1-31 原元件库中 555 定时器的符号

图 1-32 修改后的符号

图 1-33 释放集成库或安装集成库

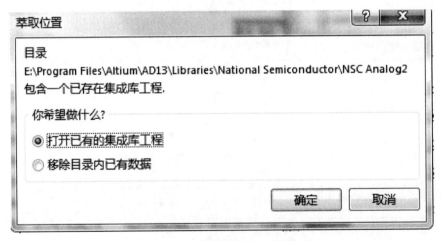

图 1-34 "萃取位置"对话框

图 1-35 释放的集成库

把 555 放置在原理图中，双击元件进入原理图元件编辑界面，把 Lock Pins 前的勾去掉，解除引脚锁定状态，调整引脚位置，修改后的符号如图 1-32 所示，双击元件添加勾锁定元件。

方法二：搜索包含 555 的库。

浏览"器件库"，利用"查找"功能，点击"Searcher"按钮进入"搜索库"对话框（如图 1-36 所示），"运算符"选择"contains"按钮，值键入 LM555，点击"查找"，从找出的元件中选择 LM555CM（如图 1-37 所示）放置在原理图上。

方法三：添加包含 555 的库。

点击"Libraries"弹出"可用库"对话框，点击"添加库"按钮，添加"NSC Analog"集成库。

右单击→选择"编辑原理图元件引脚"选项，进入图 1-38，把 Lock Pins 前面的"勾"去了→解除引脚锁定状态，修改引脚位置和符号→即元件库中 555 的符号是图 1-31，修改成图 1-32。

图 1-36　"搜索库"对话框

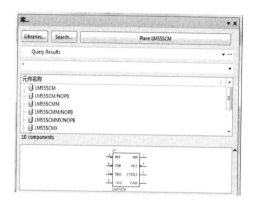

图 1-37　原理图元件库中的 555 芯片

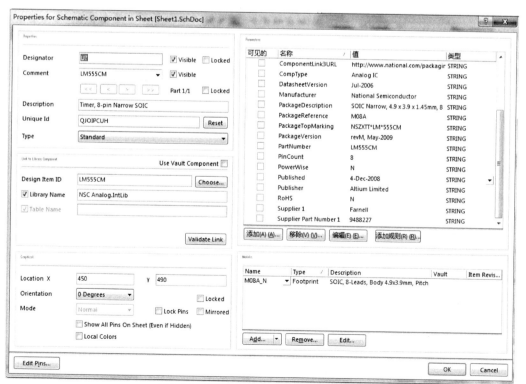

图 1-38　"编辑原理图元件引脚"对话框

任务实施

利用元件库中已有的元件，复制元件、修改设计新元件。

实施过程如下。

任务分析：以数码管为例，元件库中原有的数码管为如图 1-39 所示的单管，需要的目标数码管是双管，而且引脚的排列顺序也不一样。采取利用库中的原有元件，经复制、修改后设计新元件的方法。

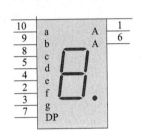

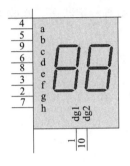

图 1-39　元件库中原有的数码管　　　　图 1-40　目标数码管

实施步骤：

步骤 1　点击文件→打开命令，弹出"选择打开文档"对话框，找到 Altium Designer13 的库安装的文件夹，选择数码管所在集成库文件：Miscellaneous Devices. IntLib，单击"打开"按钮。

步骤 2　弹出图 1-33 所示"摘录源文件或安装文件"的对话框，选择"摘取源文件"按钮，释放的集成库文件如图 1-27 所示。

步骤 3　在 Projects 面板打开该源库文件（Miscellaneous Devices. Schlib），鼠标双击该文件名。

步骤 4　按窗口右下角 SCH 按钮，弹出上拉菜单选择 SCH Library。在 SCH Library 面板过滤器位置输入 DPY 选择 Dpy blue-CA 的元件，该元件将在设计窗口中显示，如图 1-39 所示。

步骤 5　执行 Tools → Copy Components 命令，复制元件到目标库的库文件。

步骤 6　修改元件：把数码管改成需要的形状。

① 移开矩形框，选中 8，完成复制、粘贴（COPY→C，COPY→V，删除点）。

② 双击引脚，修改引脚属性，选中两个共阳极引脚，按 Space 键通过旋转、移动把公共阳极调整到底部。

③ 把矩形移到适合位置。

④ 点击工具→重新命名器件，名称为：Dpy Red-CA，点击保存按钮，保存新元件，如图 1-40 所示。

步骤 7　点击 SCH 按钮，调出 SCH Library 面板，点击放置按钮摆放新元件。

步骤 8　右键点击 Miscellaneous Devices. LibPKG 关闭工程，弹出图 1-41 所示的修改后的元件是否保存到元件库对话框，选择不保存（不改变原有元件库）。

拓展训练

H21A1 仙童凹槽型光电开关外形如图 1-42 所示。H21A1 光电开关结构如图 1-43 所示。H21A1 光电开关内部构造如图 1-44 所示。绘制原理图时，请设计 H21A1 光电开关元件。

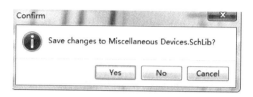

图 1-41　是否保存改变对话框

图 1-42　H21A1 光电开关外形图

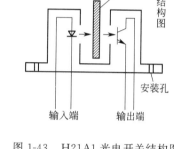

图 1-43　H21A1 光电开关结构图

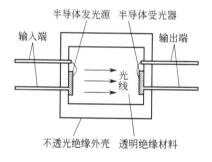

图 1-44　H21A1 光电开关内部图

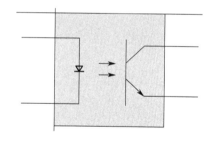

图 1-45　H21A1 光电开关元件图

光电耦合器在现代电子中得到了广泛应用，H21A1 光电开关便是典型应用之一。初学者绘制电路原理图时，往往不知道应该采用什么样的符号。采用 Altium Designer13 软件绘图功能，可手工绘制 H21A1 光电开关的原理图元件。

项目设计要求：H21A1 光电开关利用光电耦合原理，通过发光二极管产生光线，另一端由一个光敏三极管把光转换成电，中间利用传感器（遮挡/通过）产生光电断续效果。设计时注意三极管的基极是光敏材料。

设计步骤如下：

步骤 1　创建工程文件：H21A1. PriPcb。

步骤 2　创建原理图库文件：H21A1. SchLib。

步骤 3　使用绘图工具栏，放置矩形（0，0），（50，−50）。

步骤 4　使用直线按钮绘制光电二极管和光敏三极管。

步骤 5　使用放置引脚按钮放置引脚。注意 Tab 键可修改引脚编号。

步骤 6　点击工具菜单，重新命名新元件为 H21A1。设计好的新元件如图 1-45 所示。

步骤 7　保存新元件。

项目设计要点及重点：初学者绘制 H21A1 光电开关时，应该根据元件的实际应用和内部构造来设计原理图元件。重点是要能理解 H21A1 光电开关主要由发光二极管和光敏三极管组成。难点是要能够理解光敏三极管的基级是由光敏材料组成的，绘图时不用画出。

任务二小结

要想设计原理图元件，首先，能够熟练使用绘图工具。设计新元件的步骤是创建项目、添加原理图库、利用绘图工具放置矩形、利用直线按钮绘制新元件、利用放置引脚按钮放置引脚，给新元件命名、保存、放置必要的封装等。

绘制新元件的方法：①利用现有的元件库中的元件进行复制、粘贴、改造；②快速设计新元件；③完全由自己设计新元件。

实训作业

设计电位器在原理图中的符号。

项目二
电路仿真和层次原理图设计

知识目标

① 理解电路仿真的基本概念；
② 掌握电路仿真设计过程；
③ 理解层次原理图的绘制方法；
④ 掌握"自上而下"层次电路设计方法。

技能目标

① 能够设计仿真电路分析仿真结果；
② 会层次原理图模块化的设计方法；
③ 会网络端口、总线、总线分支使用。

项目概述

Altium Designer13 的混合电路信号仿真工具，在电路原始图设计阶段实现对数模混合信号电路的功能设计仿真，配合简单易用的参数配置窗口，能完成基于时序、离散度、信噪比等多种数据的分析。

集成电路都比较复杂，用一张电路原理图来绘制显得比较困难，采用层次电路可以简化电路。层次原理图设计分为"自上而下"和"自下而上"层次电路设计方法。

任务一 ▷▷▷

电路仿真

知识目标

① 理解电路仿真的基本概念；

② 掌握电路仿真设计过程；

③ 理解各种仿真模式的分析内容；

④ 掌握各种仿真模式的输出结果的意义。

技能目标

① 会放置电源和仿真激励源；

② 会设置仿真参数；

③ 能够设计仿真电路、分析仿真结果。

任务概述

人们用试验板制作出电子新产品以后，发现很多事先没有想到的问题，在消耗时间和物质的同时增加了产品的开发周期，延长了产品的上市时间，使产品失去了竞争优势。有没有捷径可以走？这就是电路设计与仿真技术。

在电子产品的开发过程中，从电路原理图的绘制到印刷电路板的制成，一般要经过一个重要过程，即电路仿真。在制作印刷电路板之前，如果可以对电路原理图进行仿真，就能明确系统的性能，并根据仿真的结果进行适当的调整，尽可能减少设计的差错，节省时间和财力。

任务描述 ✍

集成运放电路的仿真分析，即对电路进行瞬态分析、交流小信号分析和参数分析。

任务分析 🔍

集成运放电路由芯片 LM741 和外部电阻组成。使用 Altium Designer13 仿真元件构建电路原理图，使用仿真激励源给电路提供输入信号，观察一段时间内电路波形的变化和频率响应。提供曲线之间偏离的大小研究参数对电路性能影响的程度。

知识准备 ➤

一、电路仿真的基本概念

① 仿真元件：仿真电路使用的元件，具有仿真属性。

② 仿真电路图：根据电路设计要求，使用原理图编辑器及具有仿真属性的元件绘制的电路原理图。

③ 仿真激励源：用于模拟实际电路中的激励信号。

④ 节点网络标签：对电路中要测试的节点，应放置网络标签，便于查看节点的仿真结果（电压或电流波形）。

⑤ 仿真方式：Altium Designer13 有 12 种仿真方式，对应不同的参数设置。

⑥ 仿真结果：观察仿真波形、电压、电流、功耗。

二、仿真电路设计过程

步骤 1　装载仿真元件库。单击 Library→Simulation→Simulation Sources. Intlib 集成仿

真元件库。

步骤 2　放置带有仿真模型的仿真元件（该元件必须带有仿真模型）。

步骤 3　绘制仿真电路图（方法与绘制电路原理图一样）。

步骤 4　添加仿真电源和激励源（放置直流电压和信号源等）。

步骤 5　设置仿真节点及电路初始状态（用网络标签放置要测量的关键点——节点）。

步骤 6　对仿真电路进行 ERC 检查，纠正错误（ERC：电气规则检查，是 Electrical Rule Check 的缩写，在编译时自动进行 ERC 检查）。

步骤 7　设置仿真分析的参数。

步骤 8　运行仿真电路观察仿真结果。单击"设计"→"仿真"→"Mixed Sim"（混合仿真）。

步骤 9　修改仿真参数或更换元件，重复步骤 5~8，直至获得满意结果。

三、仿真激励源

仿真激励源作为仿真电路的信号输入，直接影响仿真电路的成功与否。仿真信号源包括：基本信号源、直流源、正弦源、脉冲源、指数源、单频调频源、分段线性源、线性和非线性受控源。

仿真激励源名称、符号、功能如表 2-1 所示。

表 2-1　仿真激励源名称、符号、功能

名称	符号和基本功能	
直流源	V? VSRC 直流电压源 VSRC	I? ISRC 直流电流源 ISRC
正弦仿真源	V? VSIN 正弦电压源 VSIN	I? ISIN 正弦电流源 ISIN
周期脉冲源	V? VPULSE 电压周期脉冲源 VPULSE	I? IPULSE 电流周期脉冲源 IPULSE
分段线性源	V? VPWL 分段线性电压源 VPWL	I? IPWL 分段线性电流源 IPWL
指数激励源	V? VEXP 指数激励电压源 VEXP	I? IEXP 指数激励电流源 IEXP
单频调频源	V? VSFFM 单频调频电压源 VSFFM	I? ISFFM 单频调频电流源 ISFFM
线性受控源	H? HSRC 线性电流控制电压源 HSRC	G? GSRC 线性电压控制电流源 GSRC
	F? FSRC 线性电流控制电流源 FSRC	E? ESRC 线性电压控制电压源 ESRC

名称	符号和基本功能	
非线性 受控源	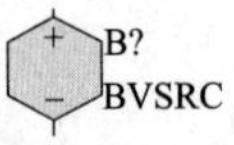 + B? BVSRC 非线性受控电压源	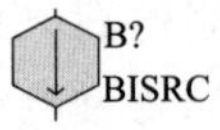 B? BISRC 非线性受控电流源

四、常见的仿真分析

1. 静态工作点分析 （Operating Point Analysis）

静态工作点分析：把放大器的输入信号短路时，放大器处在无信号输入状态，即静态。由于静态工作点选择不合适，输出波形会失真，因此设置合适的静态工作点是放大电路正常工作的前提。一般电容被看成开路，电感被看成短路。

2. 瞬态特性分析 （Transient Analysis）

瞬态特性分析：规定起始和终止时间，观察一段时间内仿真波形的变化。

Transient Start Time（仿真的起始时间）、Transient Stop Time（仿真的终止时间）、Transient Step Time（仿真的时间步长）、Transient Max Step Time（仿真的最大时间步长）、Use Initial Conditions（使用初始设置条件）、Use Transient Defaults（采用系统默认设置）、Defaults Cycles Displayed（默认显示的波形周期数）、Defaults Points Per Cycles（默认每一周期的点数）、Enable Fourier（傅里叶分析有效）、Fourier Fundamental Frequency（傅里叶分析中的基波频率）如图 2-1 所示。

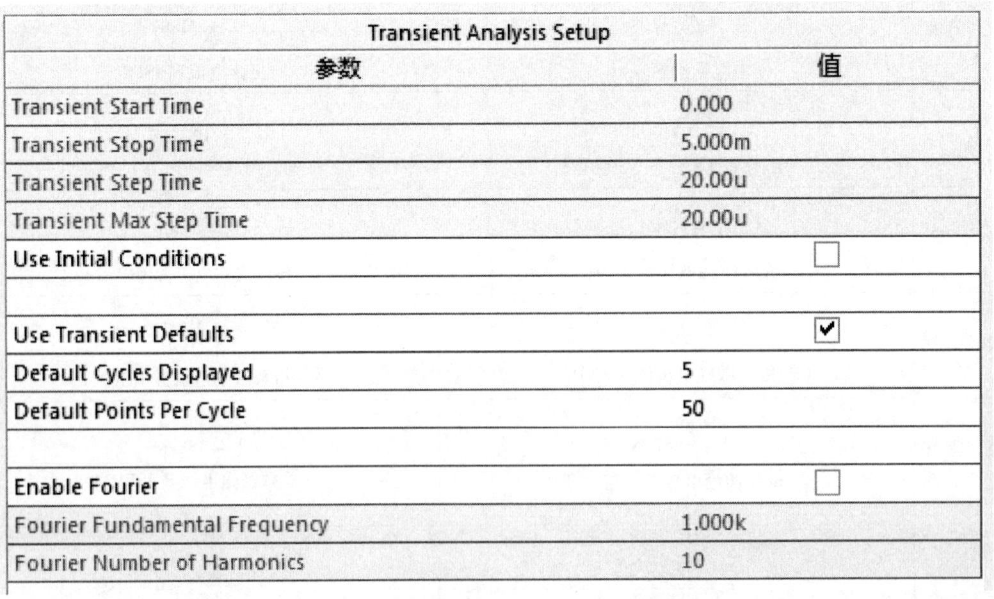

Transient Analysis Setup	
参数	**值**
Transient Start Time	0.000
Transient Stop Time	5.000m
Transient Step Time	20.00u
Transient Max Step Time	20.00u
Use Initial Conditions	☐
Use Transient Defaults	☑
Default Cycles Displayed	5
Default Points Per Cycle	50
Enable Fourier	☐
Fourier Fundamental Frequency	1.000k
Fourier Number of Harmonics	10

图 2-1　瞬态特性分析 （Transient Analysis）

3. 直流传输特性分析 （DC Sweep Analysis）

直流扫描分析就是直流传输特性分析，当输入在一定范围内变化时，输出一个曲线轨迹。通过执行一系列直流工作点分析，修改选定的源信号电压，从而得到一个直流传输曲线。

Primary Source（电路中独立电源的名称）、Primary Start（主电源起始电压值）、Primary Stop（主电源停止电压值）、Primary Step（在扫描范围内指定的增量值）如图 2-2 所示。

DC Sweep Analysis Setup	
参数	**值**
Primary Source	
Primary Start	0.000
Primary Stop	0.000
Primary Step	0.000
Enable Secondary	☐
Secondary Name	
Secondary Start	0.000
Secondary Stop	0.000
Secondary Step	0.000

图 2-2　直流传输特性分析（DC Sweep Analysis）

4. 交流小信号分析（AC Small Signal Analysis）

交流分析是在一定的频率范围内分析电路的响应。交流小信号分析（AC Small Signal Analysis）如图 2-3 所示。

① Linear：全部测试点均匀地分布在线性化的测试范围内，是从起始频率开始到终止频率的线性扫描。Linear 类型适用于带宽较窄的情况。

② Decade：测试点以 10 的对数形式排列。Decade 类型适用于带宽特别宽的情况。

③ Octave：测试点以 8 个 2 的对数形式排列。频率以倍频程进行对数扫描。Octave 类型适用于带宽较宽的情况。

④ Test Points（测试点）：在扫描范围内，依据选择的扫描类型定义增量值。

⑤ Total Test Point（全部测试点）：显示全部测试点的数量。

AC Small Signal Analysis Setup	
参数	**值**
Start Frequency	1.000
Stop Frequency	1.000meg
Sweep Type	Decade
Test Points	100

图 2-3　交流小信号分析

5. 噪声分析（Noise Analysis）

噪声分析：利用噪声谱密度测量电阻和半导体器件的噪声影响，通常用 V2/Hz 表征测量噪声值。电阻和半导体器件都能产生噪声，噪声电平取决于频率。电阻和半导体器件产生不同类型的噪声（注意，在噪声分析中，电容、电感和受控源被视为无噪声元件）。对交流分析的每一个频率，电路中每一个噪声源（电阻或晶体管）的噪声电平都被计算出来。具体是将各节点的电平值通过均方值相加的方法得到，如图 2-4 和图 2-5 所示。

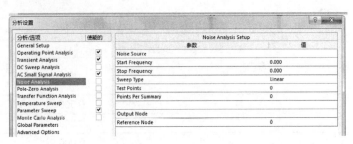

图 2-4　"噪声分析设置"对话框

① Noise Source：独立的电压、电流源，计算噪声时作参考电源。

② Start Frequency：起始频率。

③ Stop Frequency：终止频率。

④ Test Points：扫描的点数。

⑤ Point Per Summary（点范围）：计算噪声范围。

在此区域中，输入 0，只计算输入、输出噪声；如输入 1，同时计算各个器件噪声。

⑥ OutPut Node（输出节点）：输出噪声节点。

⑦ Reference Node（参考点）：输出噪声参考节点。

⑧ 线性扫描 Liner，适用于带宽较窄的情况。

⑨ Octave 为倍频扫描。

Noise Analysis Setup	
参数	值
Noise Source	
Start Frequency	0.000
Stop Frequency	0.000
Sweep Type	Linear
Test Points	0
Points Per Summary	0
Output Node	
Reference Node	0

图 2-5　噪声分析（Noise Analysis）

6. 极点-零点分析（Pole-Zero Analysis）

又称临界点分析，在单输入/输出的线性系统中，利用电路的小信号交流传输函数，对极点或零点的计算用 Pole-Zero 进行稳定性分析；将电路的直流工作点线性化，对所有非线性器件匹配小信号模型。传输函数可以是电压增益（输出电压与收入电压之比）或阻抗（输出电压与收入电流之比）中的任意一个，如图 2-6 所示。

参数含义如下：

① Input Node：正的输入节点。

② Input Reference Node：输入端的参考节点［默认为 0（GND）］。

③ Output Node：正的输出节点。

④ Output Reference Node：输入端的参考节点［默认为 0（GND）］。

⑤ Transfer Function Type：设定交流小信号传输函数的类型。V(output)/V(input)—电压增益传输函数；V(output)/I(input)—电阻传输函数。

⑥ Analysis Type：分析类型，更精确地提炼分析极点。

Pole-Zero Analysis Setup	
参数	值
Input Node	
Input Reference Node	0
Output Node	
Output Reference Node	0
Transfer Function Type	V(output)/V(input)
Analysis Type	Poles and Zeros

图 2-6　极点-零点分析（Pole-Zero Analysis）

7. 传递函数分析（Transfer Function Analysis）

也称为直流小信号分析。传递函数分析计算每个电压节点上的直流输入电阻、直流输出电阻和直流增益值，如图 2-7 所示。

参数含义如下：

① Source Name：指定输入参考的小信号输入源。

② Reference Node：计算每个电压节点的电路节点。

利用传递函数分析可以计算整个电路中的直流输入电阻、输出电阻和直流增益三个小信号的值。

Transfer Function Analysis Setup	
参数	值
Source Name	
Reference Node	0

图 2-7　传递函数分析（Transfer Function Analysis）

8. 温度扫描分析（Temperature Sweep）

温度扫描是指在一定的温度范围内进行电路参数计算，用以确定电路的温度漂移等性能指标，如图 2-8 所示。

参数含义如下：

① Start Temperature：起始温度（单位:℃）。

② Stop Temperature：截止温度（单位:℃）。

③ Step Temperature：在温度变化区间内，递增变化的温度大小。

Temperature Sweep Setup	
参数	值
Start Temparature	0.000
Stop Temparature	0.000
Step Temperature	0.000

图 2-8　温度扫描分析（Temperature Sweep）

9. 参数扫描分析（Parameters Sweep）

是按扫描变量对电路所有风险参数扫描的，分析结果是产生一个数据列表或一组曲线图，如图 2-9 所示。

参数含义如下：

① Primary Sweep Variable（扫描值）：希望扫描的电路参数或元件值。

② Primary Start Value（主初始值）：扫描变量的初始值。

③ Primary Stop Value（主截止值）：扫描变量的截止值。

④ Primary Step Value（主步长）：扫描变量的步长。

⑤ Primary Sweep Type（扫描类型）：设置步长的绝对值或相对值。

⑥ Enable Secondary（勾选第二变量）：在分析时需要确定第二个扫描变量。

⑦ Secondary Sweep Variable（从扫描值）：希望扫描的电路参数或元件的第二变量的值。

⑧ Secondary Start Value（从初始值）：第二变量的初始值。

⑨ Secondary Stop Value（从截止值）：第二变量的截止值。

⑩ Secondary Step Value（从步长）：第二变量的步长。

⑪ Secondary Sweep Type（从步长类型）：设置扫描第二变量步长的绝对值或相对值。

Parameter Sweep Setup	
参数	值
Primary Sweep Variable	RF[resistance]
Primary Start Value	10.00k
Primary Stop Value	100.0k
Primary Step Value	10.00k
Primary Sweep Type	Absolute Values
Enable Secondary	☐
Secondary Sweep Variable	
Secondary Start Value	0.000
Secondary Stop Value	0.000
Secondary Step Value	0.000
Secondary Sweep Type	Absolute Values

图 2-9　参数扫描分析（Parameters Sweep）

10. 蒙特卡罗分析（Monte Carlo Analysis）

是一种统计模拟方法，它是在给定电路元件参数容差服从统计分布规律的情况下，用一组组伪随机数求得元件参数的随机抽样序列，对这些随机抽样的电路进行直流扫描、直流工作点、传递函数、噪声、交流小信号和瞬态分析，并通过多次分析结果估算出电路性能的统计分布规律。蒙特卡罗分析可以进行最坏情况分析，它在进行最坏情况分析时有着强大且完备的功能。蒙特卡罗分析（Monte Carlo Analysis）如图 2-10 所示。

Monte Carlo Analysis Setup	
参数	值
Seed	-1
Distribution	Uniform
Number of Runs	5
Default Resistor Tolerance	10%
Default Capacitor Tolerance	10%
Default Inductor Tolerance	10%
Default Transistor Tolerance	10%
Default DC Source Tolerance	10%
Default Digital Tp Tolerance	10%
Specific Tolerances	0 defined...

图 2-10 蒙特卡罗分析（Monte Carlo Analysis）

参数含义如下：

① Seed：该值是仿真中随机产生的。如果用随机数的不同序列执行一个仿真，需要改变该值（默认值为-1）。

② Distribution：容差分布参数。Uniform（默认值）表示单调分布，在超过指定的容差范围后仍然保持单调变化。

③ Number of Runs（元件数）：在指定的容差范围内执行仿真，运用不同元件值（默认值：5）。

④ Default Resistor Tolerance：电阻公差。

⑤ Default Capacitor Tolerance：电容公差。

⑥ Default Inductor Tolerance：电感公差。

⑦ Default Transistor Tolerance：晶体管公差。

⑧ Default DC Source Tolerance：直流源公差。

⑨ Default Digital Tp Tolerance：数字器件公差。

⑩ Specific Tolerances：用户特定容差。

任务实施

仿真运放电路，对电路进行瞬态分析、交流小信号分析和参数分析。

实施过程：

步骤 1 创建工程文件：选择 Altium Designer13 原理图编辑界面，点击"文件"→

"新建"→"工程"→"PCB-Project1. prjPCB"工程→保存工程为"测试仿真 2. PrjPcb"。

步骤 2　创建原理图文件：给工程添加新的原理图文件"sheet1. SchDoc"→"保存"原理图名称为"测试仿真 2. SchDoc"。

图 2-11　安装仿真激励源库

步骤 3　加载仿真激励源库：点击"浏览器"→元件库"Libraries"→安装→激励源库（Simulation Sources. Intlib），如图 2-11 所示。

步骤 4　放置电路图元件：

① 搜索并加载运算放大器：点击浏览器→"search"→"LM741"→加载 U1、LM741。

② 在浏览器过滤器处输入 RES2→放置电阻。

③ 步骤 5　给电路添加仿真激励源：从仿真元件库中放置→VSIN 正弦波信号源→双击进入仿真参数选项卡（如图 2-12 所示）→在 Model 栏→双击 Simulation→进入"电压源设置"对话框（如图 2-13 所示）→选 Parameters 参数设置选项→把频率（Frequency）设置成"10KHZ"、幅值 Amplitude 设为"0.5V"。

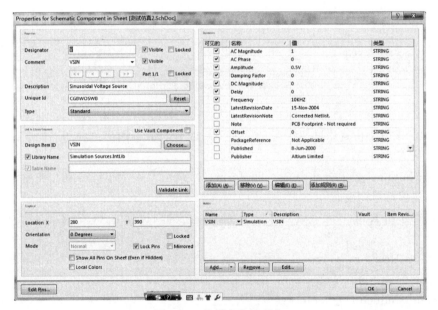

图 2-12　仿真参数选项卡

放置＋12V、－12V 电压源：选择 VSRC 放置电压源的方法同上。如图 2-14、图 2-15 所示。

步骤 6　放置电源和接地符号：点击电源工具栏→放置 GND 端口；放置 VCC 电源端口；将 12V 处 VCC 修改为 VEE。

步骤 7　连接导线，添加测量用输入、输出节点：通过网络标签放置输入/输出节点（Input、Output）。绘制运放电路仿真测试原理图，如图 2-16 所示。

步骤 8　保存文件。

步骤 9　编译工程：进行 ERC 检测，点击"工程"→"Compile PCB Project 测试仿真 2. PrjPCB"命令。

Sim Model - Voltage Source / Sinusoidal		
Model Kind	Parameters	Port Map
		Component parameter
DC Magnitude	0	☑
AC Magnitude	1	☑
AC Phase	0	☑
Offset	0	☑
Amplitude	0.5V	☑
Frequency	10KHZ	☑
Delay	0	☑
Damping Factor	0	☑
Phase	0	☐

图 2-13　"电压源设置"对话框　　　图 2-14　+12V 电压源　　　图 2-15　-12V 电压源

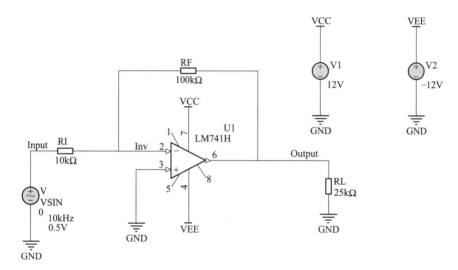

图 2-16　运放电路仿真测试原理图

步骤 10　仿真运行：点击"设计"→"仿真"→"Mixed Sim"（混合仿真）命令，启动混合电路仿真→进入"分析设置"对话框，如图 2-17 所示。

步骤 11　选择分析方法：在仿真设置（General Setup）栏选择（勾选）静态工作点分析（Operating Point Analysis）、瞬态特性分析（Transient Analysis）、交流小信号分析（AC Small Signal Analysis）和参数扫描分析（Parameters Sweep）。

步骤 12　设置仿真的类型。

瞬态特性分析：规定起始和终止时间，观察一段时间内仿真波形的变化。

① 瞬态分析设置→取消"使用默认瞬态设置（use transient defaults）"的勾选，设置自定义参数。

② Transient Start Time：仿真的起始时间设置为 0。

③ Transient Stop Time：仿真的终止时间设置为 $500\mu F$。

④ Transient Step Time：仿真的时间步长设置为 $2.5\mu F$。

⑤ Transient Max Step Time：仿真的最大时间步长设置为 $2.5\mu F$。

⑥ Fourier Fundamental Frequency：信号频率设置为 100kHz。

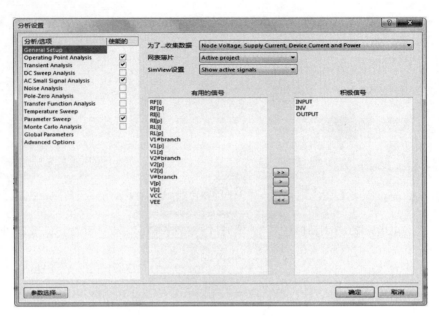

图 2-17 "分析设置"对话框选项卡

如图 2-18 所示为瞬态特性分析设置选项卡。

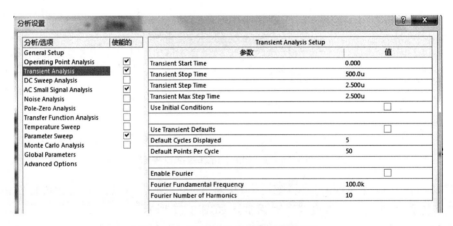

图 2-18 瞬态特性分析设置选项卡

交流小信号分析（AC Small Signal Analysis）：交流分析是在一定的频率范围内分析电路的响应。

如图 2-19 所示，起始频率设置为 1Hz，终止频率设置为 1meg（1MHz），扫描频率设置为默认，测试点设置为 100。

参数扫描分析（Parameters Sweep）：研究电路参数变化对电路的影响。

分析结果：产生一个数据列表或一组曲线图，如图 2-20 所示。

① 扫描元件设置为对电阻 RF 进行扫描。

② 电阻 RF 从 10kΩ 到 100kΩ，每次增加 10kΩ，分 10 次。

步骤 13　按确定按钮→开始分析→分析结果，输出如图 2-21、图 2-22 所示仿真波形图。

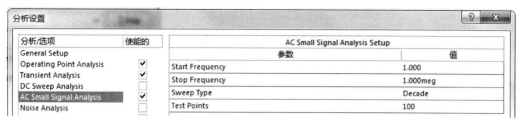

图 2-19 交流小信号分析设置

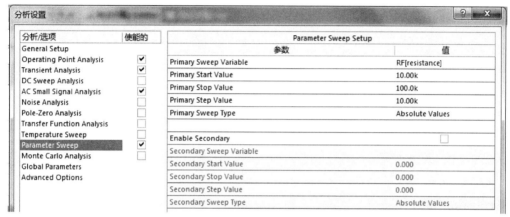

图 2-20 参数扫描分析设置选项卡

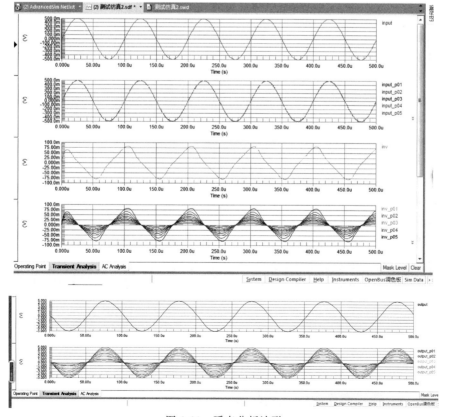

图 2-21 瞬态分析波形

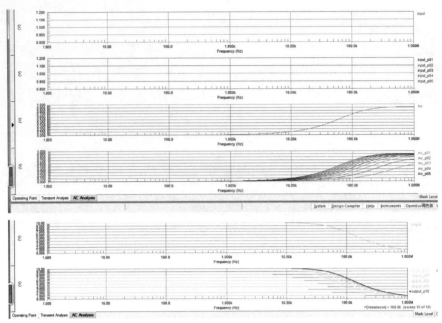

图 2-22　交流小信号分析波形

拓展训练

晶体管放大电路的交流仿真。

项目设计要求：根据晶体管放大电路原理图，采用 Altium Designer13 软件绘图工具绘制电路原理图，采用仿真元件库加载仿真激励源，选择瞬态特性分析和参数分析方法仿真晶体管放大电路。

图 2-27 是一个共射极接法的单管交流放大电路。输入端 V1 是待放大的交流信号电压，Rfz 是输出端负载电阻，Rb 是基极偏流电阻，Rc 是集电极负载电阻，C1、C2 是耦合电容，V2 是电路电源。

项目设计步骤如下：

步骤 1　创建工程文件："晶体管交流放大电路 . PriPcb"。

步骤 2　创建原理图文件："晶体管交流放大电路 . SchDoc"。

步骤 3　绘制仿真电路原理图。

放置仿真元件：从 Devices 常用元件库选 Res2 电阻→放置 Rb、Rc、Rfz，选 cap pol1 电容→放置 C1、C2，选 NPN 三极管→放置 VT1。

放置仿真激励源：在 "Simulation Sources. IntLib" 中选择放置 VSIN，双击 V?
VSIN 打开其仿真模型属性对话框，双击 Model 栏 Simulation→进入 Sim Model-Voltage Source/Sinusoidal 选项卡，设置 "Model Kind" 为 "Voltage Source"，"Model Sub-Kind" 为 "Sinusoidal"，如图 2-23 所示。

单击 Parameters 标签，设置电压值，如图 2-24 所示。单击 OK 完成设置。

放置电源：在 "Simulation Sources. IntLib" 中选择放置 VSRC，双击 V?
VSRC 打开 "元件属性" 对话框，编辑其仿真属性，选择 "Voltage Source" 和 "Dc Source"，如图 2-25 所示；单击 Parameters 标签，设置电压值，输入 20V，如图 2-26 所示。

图 2-23 设置激励源属性

图 2-24 设置正弦电压仿真信号源

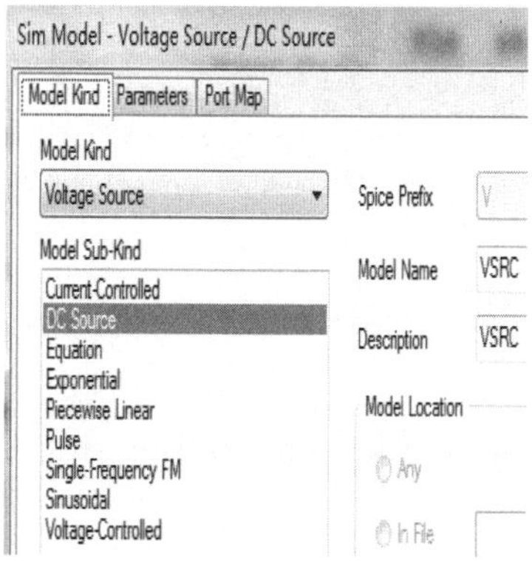

图 2-25 设置 VSRC 信号源

图 2-26 设置直流电压源

连接导线：完成导线连接的晶体管交流放大电路原理图如图 2-27 所示。

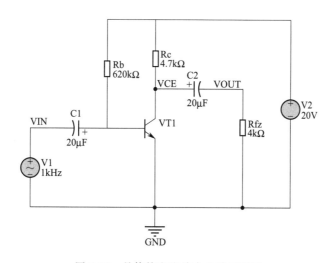

图 2-27 晶体管交流放大电路原理图

设置仿真节点：使用网络标签分别在信号源输出端、三极管集电极端、负载电阻上放置 VIN、VCE、VOUT 三个电路节点（测量这三个点的参数）。

步骤 4 编译项目工程：单击"工程"→"Compile PCB Project 晶体管交流放大电路 . PrjPCB"命令。编译项目文件进行 ERC 检测。

步骤 5　进行仿真设置：单击"设计"→"仿真"→"Mix Sim"进入"仿真设置"对话框，如图 2-28 所示。选择双击仿真节点，将 VIN、VCE、VOUT 移入积极信号列表框中（如图 2-28 所示），然后在分析/选项栏选择瞬态分析和参数分析选项。设置参数：瞬态分析采用默认，参数分析设置如图 2-29 所示。点击"确定"完成设置。

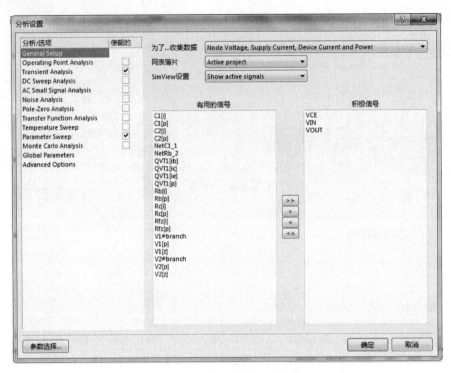

图 2-28　"仿真设置"对话框

分析设置		Parameter Sweep Setup	
分析/选项	使能的	参数	值
General Setup		Primary Sweep Variable	V1[dc]
Operating Point Analysis	☐	Primary Start Value	500.0
Transient Analysis	☑	Primary Stop Value	6.500k
DC Sweep Analysis	☐	Primary Step Value	2.000k
AC Small Signal Analysis	☐	Primary Sweep Type	Absolute Values
Noise Analysis	☐		
Pole-Zero Analysis	☐		
Transfer Function Analysis	☐	Enable Secondary	☐
Temperature Sweep	☐	Secondary Sweep Variable	
Parameter Sweep	☑		

图 2-29　设置参数扫描分析的参数

步骤 6　运行电路混合仿真：仿真设置完成点击 OK 自动开始对电路进行仿真，输出波形图如图 2-30 所示。

项目设计要点及重点：仿真设计使用的元件必须具有仿真属性，对电路原理图中想要观察、测量的电路节点应该使用网络标签重点标注；对绘制完成的电路原理图编译是为了进行电气规则检查，排除设计错误。根据电路及设计要求选择分析方案、完成参数设置，完成模/数电路的混合仿真。

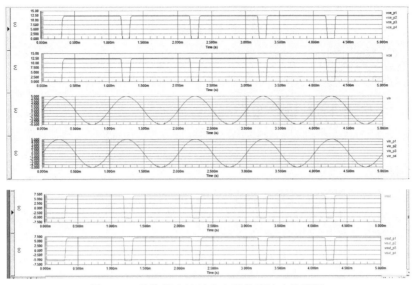

图 2-30　晶体管交流放大电路仿真输出波形图

任务一小结

Altium Designer13 的混合电路信号仿真工具，配合参数配置窗口，能够完成基于时序、离散度、信噪比等数据的分析。设计新电子产品时，在电路设计阶段，在制作印制电路板之前，就可以对电路原理图进行必要的仿真，明确系统的性能，还可以根据仿真的结果进行适当的调整，尽可能减少设计的差错，节省时间和财力，缩短开发周期。

实训作业

仿真差分放大电路原理图，如图 2-31 所示。

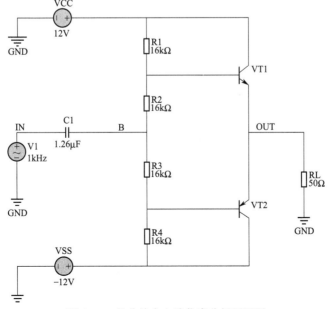

图 2-31　差分放大电路仿真分析原理图

要求进行瞬态分析和交流小信号分析。

任务二
层次原理图设计

💡 知识目标

① 理解层次原理图的绘制方法；
② 了解层次原理图、模块，设计包含子图符号的父图（方块图）、子图的含义；
③ 熟练"自上而下"层次电路设计方法；
④ 掌握"自下而上"层次电路设计方法。

💡 技能目标

① 会层次原理图模块化的设计方法；
② 熟练掌握自上而下层次原理图的设计方法；
③ 会网络端口、总线、总线分支使用。

💡 任务概述

在设计原理图的过程中，用户常常会遇到这种情况，即由于设计的电路系统过于复杂而导致无法在一张图样上完整地绘制整个电路原理图。

对于大规模的复杂系统，可采用另外一种设计方法，即电路的层次化设计。将整个系统按照功能分解成若干个电路模块，每个电路模块能够完成一定的独立功能，具有相对的独立性，可以由不同的设计者分别绘制在不同的原理图纸上。

为了解决这个问题，需要把一个完整的电路系统按照功能划分成若干个模块，即功能电路模块。如果需要的话，还可以把功能电路模块进一步划分为更小的电路模块。

任务描述 ✍

层次原理图由顶层原理图和子原理图构成。绘制单片机四位按键、数码显示电路层次原理图。

任务分析 🔍

单片机四位按键、数码显示电路图由 CPU 模块、复位晶振模块、显示模块、按键指示模块组成。绘制层次原理图时，采用自上而下的绘制方法，首先要绘制顶层原理图，然后绘制子原理图。

知识准备 ➤

顶层原理图：由方块电路符号、方块电路 I/O 端口符号以及导线构成，其主要功能是用来展示子原理图之间的连接关系。

方块电路符号：每一个方块电路符号代表一张子原理图。

方块电路 I/O 端口符号：代表子原理图之间的端口连接关系。

导线：是子原理图之间的连接关系。

子原理图：是真实的电路原理图，子原理图由电路元件组成，每一个子原理图对应一个功能电路模块。

一、层次原理图的层次结构

层次原理图的层次结构如图 2-32 所示。主原理图由多个方块电路组成，规定了各子原理图之间的连接关系，而子原理图则体现了各模块内部的具体电路结构。

二、层次原理图的设计方法

1. 自上而下的层次原理图设计

自上而下的设计方法：是指用户根据系统结构，将系统划分成不同功能的子模块，再根据划分，将系统的层次原理图母图画出，然后根据原理图母图中各个方块电路符号对应的子原理图分别绘制，逐步细化，最终完成整个原理图的设计。

（1）设计层次原理图母图

步骤 1　新建工程文件：文件→工程→PCB 工程→建立工程文件 PCB-Project→保存该工程为单片机最小系统父图。

步骤 2　新建原理图文件：工程文件→添加原理图文件→schematic→建立原理图文件 .sch，保存名称为单片机最小系统父图。

步骤 3　绘制方块电路：在布线工具栏左单击放置图表符 ▓▓▓ →绘制方块电路，如图 2-33 所示。

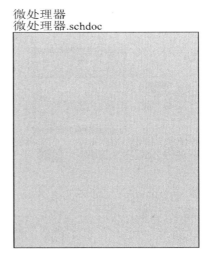

微处理器
微处理器.schdoc

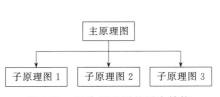

图 2-32　层次原理图的层次结构　　　　　图 2-33　方块电路图

步骤 4　双击方块电路，进入"属性"对话框，在标识符处输入方块电路的"符号名称"，在文件名处输入对应的原理图子图的"文件名称"为"微处理器"和"晶振电路"，如图 2-34 所示。

步骤 5　放置端口：单击添加图纸入口按钮 ➡→按 Tab 键进入"方块入口"对话框（如图 2-35 所示）→在名称处添加"端口名称"→在 I/O 类型处选择端口类型；放置好端口的

方块电路图如图 2-36 所示。

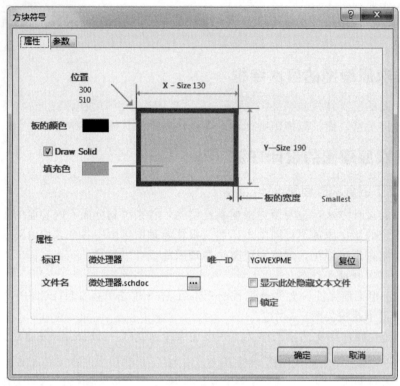

图 2-34　方块电路"属性"对话框

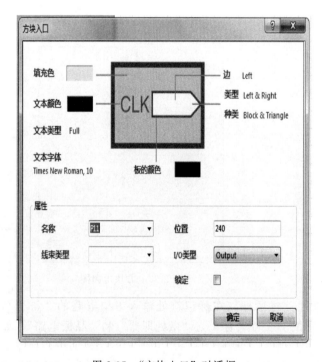

图 2-35　"方块入口"对话框

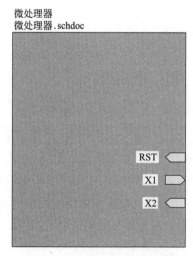

图 2-36　放置好的 I/O 电路

端口类型：OutPut 为输出端口；INPUT 为输入端口；Bidirectional 为双向端口。

步骤 6　采用相同的方法绘制其他的方块电路图。

步骤 7　单击绘制导线按钮 →用导线连接整个方块电路图。完整的方块电路图如图 2-37 所示。

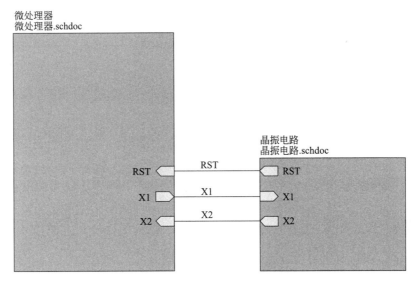

图 2-37　完整的方块电路

（2）设计层次原理图子图

步骤 1　点击"设计"→"产生图纸"→光标变成"十字形"→单击方块电路图"微处理器"→进入子原理图"微处理器的子原理图"编辑界面，如图 2-38 所示。所有端口都在子原理图中显示。

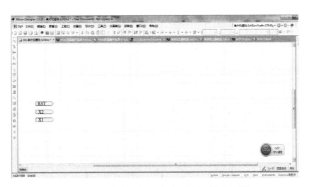

图 2-38　由方块电路产生的子原理图

步骤 2　根据具体的设计，绘制出子原理图的其他部分。绘制好的层次子原理图"微处理器的子原理图"如图 2-39 所示。

步骤 3　采用相同的方法绘制其他的子原理图"晶振电路的子原理图"，如图 2-40 所示。

（3）编译原理图

打开"Project"工作区面板，可以看到总图与子原理图的关系并没有联系起来，它们只是独立的 3 个原理图，如图 2-41 所示。

点击"工程""单片机最小系统父图 . PrjPcb"→执行编译命令：Compile PCB Project

单片机最小系统父图 .PrjPCB→编译项目文件。

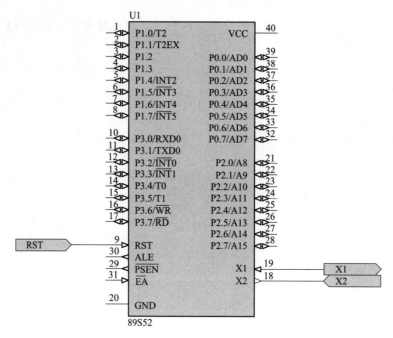

图 2-39　微处理器的子原理图

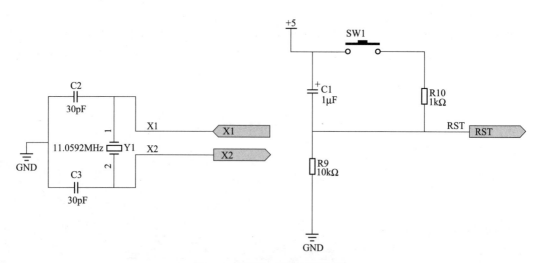

图 2-40　晶振电路的子原理图

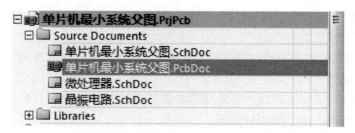

图 2-41　编译前的 Project 工作区面板

"Project"工作区面板的树形结构显示：3个原理图的关系发生了变化，总图与子图成为"父子"关系，即子图包含于总图之中，如图2-42所示。

图 2-42　编译后的 Project 工作区面板

2. 自下而上的层次原理图设计

是指先建立底层子电路，然后再由这些子原理图产生方块电路图，从而产生上层原理图，最后生成系统的原理图总图。

任务实施

绘制四位按键数码显示电路层次原理图。

实施过程：

（1）新建工程项目文件

步骤 1　新建工程项目文件：单击菜单"文件"→"新建"→"工程"→"PCB_Projet1. PrjPCB"。

步骤 2　保存工程文件：右单击"PCB_Projet1. PrjPCB"→保存工程"四位按键数码显示电路"。

（2）绘制上层原理图

步骤 1　添加原理图文件：右单击"四位按键数码显示电路"→给工程添加新的原理图文件"Sheet1. SchDoc"。

步骤 2　保存原理图文件：右单击"Sheet1. SchDoc"→保存"四位按键数码显示电路"原理图文件。

步骤 3　绘制方块电路：

① 放置"图表符" →绘制方块电路→输入方块电路的"符号名称"和"文件名称"。

② 放置"端口按钮" →按 Tab 键输入"端口名称"选择"端口类型"。

③ 依次绘制 MCU 模块、复位晶振模块 1、按键指示模块 1 和四位数码显示模块 1 四个方块电路。

④ 放置"导线" →根据各方块电路的电气连接关系，用导线将端口连接起来，并添加网络标号。完整的方块电路图如图 2-43 所示。

（3）创建及绘制子图

步骤 1　点击菜单"设计"→"产生图纸"→光标变成"十字形"。

步骤 2　将"十字光标"移到"复位晶振模块 1"内→点击"复位晶振模块 1"模块，进入子原理图编辑界面。

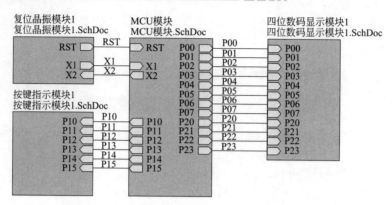

图 2-43　四位按键数码显示电路层次原理图总图

步骤 3　绘制"复位晶振模块 1"电路原理图。其元件属性如表 2-2 所示。绘制完成的效果如图 2-44 所示。

表 2-2　复位晶振模块 1 电路元件属性

Description （元器件描述）	Lib Ref （元器件名称）	Footprint （元器件封装）	Designator （元件标号）	Part Type （元件标注）
电阻	RES2	AXIAL0. 4	R9、R10	10kΩ、1kΩ
电解电容	CAP2	PB. 2/. 4	C1	1μF
瓷片电容	CAP	RAD0. 2	C2、C3	30pF、30pF
晶振	CRY	R38	Y1	11. 0592MHz
开关	SW-PB	SPST-2	SW1	

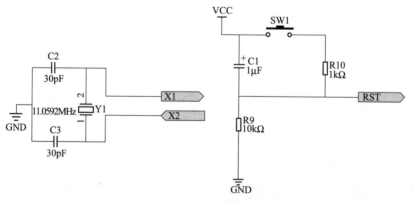

图 2-44　复位晶振模块原理图

步骤 4　依次绘制按键指示模块原理图（如图 2-45 所示，其元件属性如表 2-3 所示）、数码显示模块原理图（如图 2-46 所示，其元件属性如表 2-4 所示）、MCU 模块原理图（如图 2-47 所示，其元件属性如表 2-5 所示）。

表 2-3　按键指示模块 1 电路元件属性

Description （元器件描述）	Lib Ref （元器件名称）	Footprint （元器件封装）	Designator （元件标号）	Part Type （元件标注）
电阻	RES2	AXIAL0. 4	R1、R2、 R3、R4	10kΩ、10kΩ、 10kΩ、10kΩ
电阻	RES2	AXIAL0. 4	R17、R18	300Ω、300Ω

Description（元器件描述）	Lib Ref（元器件名称）	Footprint（元器件封装）	Designator（元件标号）	Part Type（元件标注）
发光二极管	CAP	RAD0.2	VD1、VD2	
晶振	CRY	LED-0	Y1	11.0592MHz
开关	SW-PB	SPST-2	SW1	
电源			VCC	
地			GND	

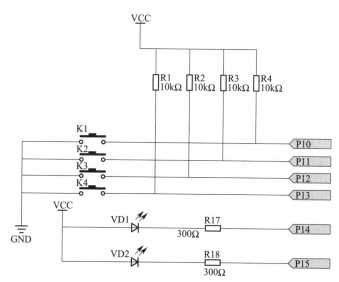

图 2-45　按键指示模块原理图

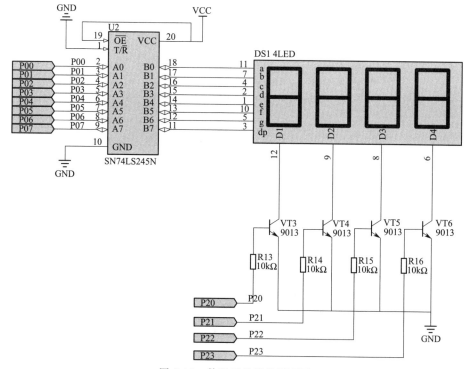

图 2-46　数码显示模块原理图

表 2-4　数码显示模块 1 电路元件属性

Description （元器件描述）	Lib Ref （元器件名称）	Footprint （元器件封装）	Designator （元器件标号）	Part Type （元器件标注）
电阻	RES2	AXIAL0.4	R13、R14、 R15、R16	10kΩ、10kΩ、 10kΩ、10kΩ
三极管	NPN	TO-92A	VT3、VT4、 VT5、VT6	9013、9013、 9013、9013
驱动/数据缓冲	74LS245	DIP-20	U2	SN74LS245N
四位数码管	CRY	DIP-12	DS1 4LED	共阴

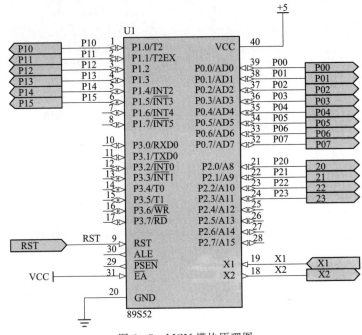

图 2-47　MCU 模块原理图

表 2-5　MCU 模块电路元件属性

Description （元器件描述）	Lib Ref （元器件名称）	Footprint （元器件封装）	Designator （元器件标号）	Part Type （元器件标注）
单片机	DS80C310-MCL	DIP-40	U1	89S52

（4）编译原理图

点击"工程"→执行编译命令：Compile PCB Project "四位按键数码显示电路.PrjPCB"→编译项目文件，使总图和子图形成父子关系。

拓展训练

绘制出租车计价器层次原理图。

项目设计要求：本项目是以 8051 单片机为核心的应用系统，如图 2-48 所示。根据电路基本功能，将电路分成：单片机电路模块、按键电路模块、电机运行电路模块、转速测量电路模块、液晶显示电路模块和电源电路模块。创建 PCB 项目，采用自上而下的方法进行设计。

项目设计步骤：

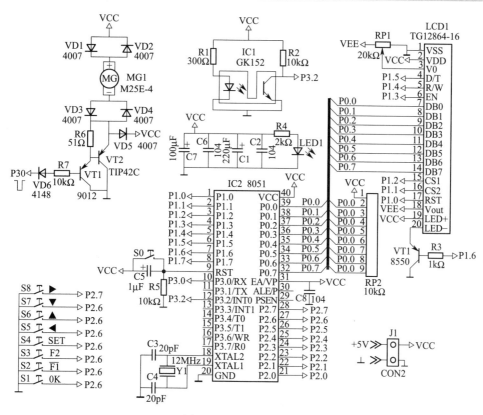

图 2-48 出租车计价器

1. 创建总图原理图

文件名为"出租车计价器.SchDoc",项目名为:"出租车计价器.Project"。
在总图中放置总线和总线端口,如图 2-49 所示。

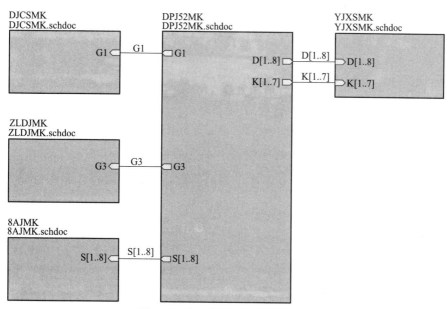

图 2-49 出租车计价器层次原理图

① 其中单片机模块和液晶显示模块的端口连接应该由八条数据线 D1、D2、D3、D4、D5、D6、D7、D8（分别对应 P0.0、P0.1、P0.2、P0.3、P0.4、P0.5、P0.6、P0.7）组成，此处端口连接采用总线连接，总线的网络标号为 D [1..8]。

② 单片机模块和显示模块连接的七条控制线由总线 K [1..7] 组成。K [1..7] 表示 K1、K2、K3、K4、K5、K6，分别对应 P1.0、P1.1、P1.2、P1.3、P1.4、P1.5、P1.6。

③ 单片机模块和八位按键模块连接由总线 S [1..8] 组成。S [1..8] 表示 S1、S2、S3、S4、S5、S6、S7、S8，分别对应 P2.0、P2.1、P2.2、P2.3、P2.4、P2.5、P2.6、P2.7。

④ 单片机模块和直流电机模块连接由网络端口和导线 G1 组成。G1 与 P3.0 对应。

⑤ 单片机模块与转速测量模块连接由网络端口和导线 G3 组成。G3 与 P3.2 对应。

2. 根据总图生成六个子原理图文件

生成的子原理图为"单片机模块.SchDoc"（如图 2-50 所示）、"按键电路模块.SchDoc"（如图 2-51 所示）、"电机运行电路模块.SchDoc"（如图 2-52 所示）、"转速测量电路模块.SchDoc"（如图 2-53 所示）、"液晶显示电路模块.SchDoc"（如图 2-54 所示）。

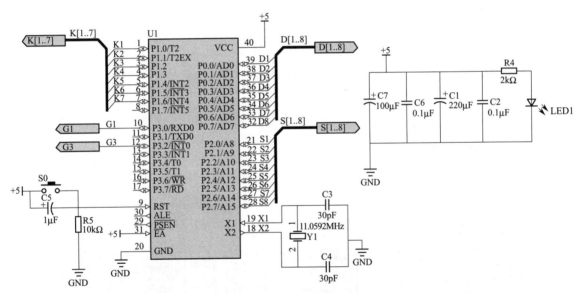

图 2-50　单片机模块子原理图

3. 编译原理图

设计规则检查并编译原理图，对原理图中出现的错误进行改正，然后用上下层次转换按钮 ⬇⬆ 进行原理图切换，查看总图和子图的连接是否存在问题，如图 2-55 和图 2-56 所示。

4. 原理图报表的生成

单击"报告"→"Bill of Materials"命令，生成原理图元件清单报表，如图 2-57 所示。

5. 生成项目网络表

单击"设计"→"工程网络表"→"Protel"命令，生成项目网络表"出租车计价器.NET"。

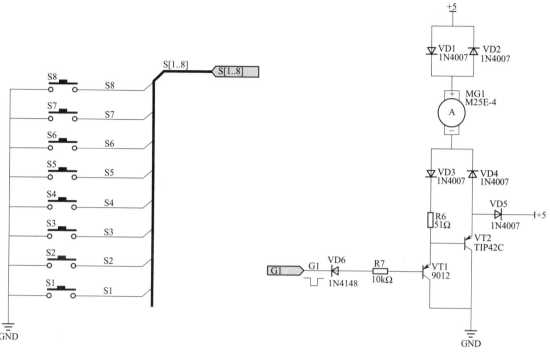

图 2-51　按键电路模块子原理图

图 2-52　电机运行电路模块子原理图

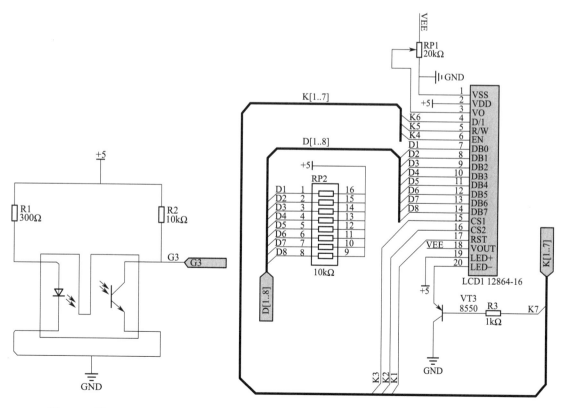

图 2-53　转速测量电路模块

图 2-54　液晶显示电路模块

图 2-55   编译前总图和子图未形成层次

图 2-56   编译后总图与子图形成层次

Comment	Description	Designator	Footprint	LibRef	Quantity
Cap Pol1	Polarized Capacitor (Rad	C1, C5, C7	RB7.6-15	Cap Pol1	3
Cap	Capacitor	C2, C3, C4, C6	RAD-0.3	Cap	4
LCD1 12864-16		LCD1 12864-16		LCD1 12864-16	1
LED0	Typical INFRARED GaAs	LED1, VD	LED-0	LED0	2
M25E-4	Servo Motor	MG1	RAD-0.4	Motor Servo	1
Res2	Resistor	R1, R2, R3, R4, R5, R6, R	AXIAL-0.4	Res2	7
RPot	Potentiometer	RP1	VR5	RPot	1
Res Pack4	Isolated Resistor Netwo	RP2	SSOP16_N	Res Pack4	1
SW-PB	Switch	S0, S1, S2, S3, S4, S5, S6,	SPST-2	SW-PB	9
DS80C310-MCL	High-Speed Micro	U1	DIP40B	DS80C310-MCL	1
1N4007	1 Amp General Purpose	VD1, VD2, VD3, VD4, VD	DO-41	Diode 1N4007	5
1N4148	High Conductance Fast	VD6	DO-35	Diode 1N4148	1
Photo NPN	NPN Phototransistor	VT	TO-220_A	Photo NPN	1
9012	PNP Bipolar Transistor	VT1	SOT-23B_N	PNP	1
TIP42C	PNP Bipolar Transistor	VT2	SOT-23B_N	PNP	1
8550	PNP General Purpose Ar	VT3	TO-92A	2N3906	1
XTAL	Crystal Oscillator	Y1	R38	XTAL	1

图 2-57   出租车计价器原理图元件清单报表

6. 生成项目组织结构文件

项目组织结构文件：有助于理解多个原理图之间的层次关系。

单击"报告"→"Report Project Hierarchy"命令，生成项目组织结构文件，如图 2-58 所示。

```
Design Hierarchy Report for 出租车计价器.PrjPcb
-- 2017/12/29
-- 23:22:34
--------------------------------------------------------------

   出租车计价器              SCH        {出租车计价器.SchDoc}
      8AJMK                  SCH        {8AJMK.SchDoc}
      DJCSMK                 SCH        {DJCSMK.SchDoc}
      DPJ52MK                SCH        {DPJ52MK.SchDoc}
      YJXSMK                 SCH        {YJSXMK.SchDoc}
      ZLDJMK                 SCH        {ZLDJMK.SchDoc}
```

图 2-58   项目组织结构文件

项目设计重点：两个方块图之间的连接何时用总线相连。方块图或元件之间有三种连接方法。一是使用导线直接连接，导线的连接有电气关系。二是使用网络标号连接，网络标号的连接有电气关系。三是使用总线连接，总线连接没有电气关系，因此总线必须和网络标号一起使用。

任务二小结

任务二主要以绘制四位按键数码显示电路和出租车计价器电路为例介绍层次原理图的基本概念和绘制方法。

实训作业

绘制十进制计数器电路的层次原理图，如图 2-59 所示。

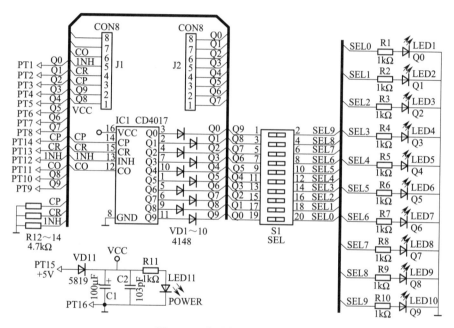

图 2-59　十进制计数器电路

项目三
印制电路板设计

知识目标

① 理解印制电路板设计的基本概念。
② 掌握 PCB 的设计流程。
③ 了解 PCB 封装库（PCBLib）编辑器设计环境。

技能目标

① 会利用"PCB 板向导"创建 PCB 文件；
② 掌握自动布线和交互式布线方法；
③ 利用元件库封装，复制、粘贴、修改制作新元件封装。

项目概述

制作印制电路板是电路设计的最终目的，电子元件按照封装要求装配在印制电路板上形成电子产品；绘制好电路原理图后，还要选择元件封装，规划 PCB 形状、尺寸，选择布线策略和布线规则，布局、自动布线辅助交互式布线调整、敷铜，最终得到满意的印制电路板图。

任务一 ▷▷▷
印制电路板设计基础

知识目标

① 掌握 PCB 的设计流程；
② 掌握 PCB 布局、布线方法；
③ 掌握 PCB 板的结构。

技能目标

① 会利用"PCB 板向导"创建 PCB 文件；

② 熟练掌握利用菜单命令创建 PCB 文件的方法；

③ 能够根据需要绘制元件封装。

任务概述

电路设计的最终目的是制作电子产品，而电子产品的物理结构是通过印制电路板实现的。在电路原理图绘制完后，接着就是设计印制电路板。印制电路板（PCB）的设计是电路设计工作中最关键的阶段。

任务描述

设计红外线反射电路印制电路板。PCB 的长×宽为 58mm×58mm。

任务分析

利用向导创建 PCB 文件，规划 PCB 板层、尺寸，文件名为"红外反射 .PcbDoc"。

知识准备

一、PCB 设计基础

1. PCB 的组成

PCB 本身的基板是由绝缘隔热、不易弯曲的材质（通常为环氧树脂）制成的。在 PCB 表面可以看到的细小线路材料是铜箔，原本铜箔是覆盖在整个基板上的，故原始的 PCB 板称为敷铜板，如图 3-1 所示。

实际应用中，要根据电路结构，在 PCB 基板上合理安排电路元器件的位置（布局），再将不需要的铜箔腐蚀掉，留下来的部分就变成很细的导电铜箔线作为连接导线，这网状的细小线路被称作导线（Conductor Pattern）或布线，为 PCB 元器件提供电路连接，

图 3-1　敷铜板

然后再经钻孔、裁剪成一定外形尺寸等处理后，就成为供装配元器件用的印制电路板，如图 3-2 所示。

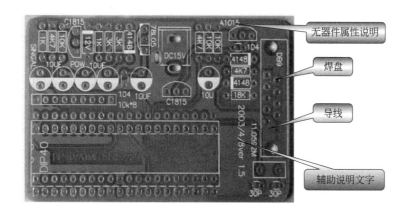

图 3-2　印制电路板

2. 单面印制板 （Single Sided Print Board）

单面印制板指一面敷铜，另一面没有敷铜的电路板，它通过印制和腐蚀的方法在基板上形成印制电路。它适用于一般要求的电子设备。

3. 双面印制板 （Double Sided Print Board）

双面印制板指在两面敷有铜箔的绝缘基板上，通过印制和腐蚀的方法在基板上形成印制电路，两面的电气互连通过金属化孔实现。它适用于要求较高的电子设备，由于双面印制板的布线密度较高，所以能减小设备的体积。

4. 多层印制板 （Multilayer Print Board）

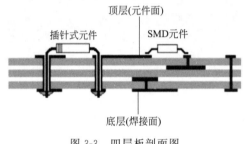

图 3-3　四层板剖面图

多层印制板是由交替的导电图形层及绝缘材料层层压黏合而成的一块印制板，导电图形的层数在两层以上，层间电气互连通过金属化孔实现。它常用于计算机的板卡中。图 3-3 所示为四层板剖面图。通常在电路板上，元件放在顶层，所以一般顶层也称元件面，而底层一般是焊接用的，所以又称焊接面。对于 SMD 元件，顶层和底层都可以放置元件。

二、PCB 设计中的基本组件

1. 板层 （Layer）

板层分为敷铜层和非敷铜层。一般敷铜层上放置焊盘、线条等完成电气连接；在非敷铜层上放置元件描述字符或注释字符等；还有一些层面用来放置一些特殊的图形来完成一些特殊的作用或指导生产。

敷铜层包括顶层（又称元件面）、底层（又称焊接面）、中间层、电源层、地线层等；非敷铜层包括印记层（又称丝网层）、板面层、禁止布线层、阻焊层、助焊层、钻孔层等，如图 3-4 所示。

2. 焊盘 （Pad）

焊盘用于固定元器件引脚或用于引出连线、测试线等，它有圆形、方形等多种形状。焊盘分为插针式及表面贴片式两大类，其中插针式焊盘必须钻孔，表面贴片式焊盘无须钻孔，如图 3-5 所示。

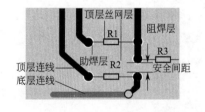

图 3-4　电路印制板图

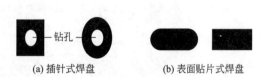

(a) 插针式焊盘　　　　　(b) 表面贴片式焊盘

图 3-5　焊盘示意图

3. 过孔 （Via）

过孔也称金属化孔，在双面板和多层板中，为连通各层之间的印制导线，在各层需要连通的导线的交会处钻上一个公共孔，即过孔，如图 3-6 所示。

过孔不仅可以是通孔式，还可以是掩埋式。所谓通孔式过孔是指穿通所有敷铜层的过孔；掩埋式过孔则仅穿通中间几个敷铜层面。

4. 连线（Track Line）

连线指的是有宽度、有位置方向（起点和终点）、有形状（直线或弧线）的线条。在铜箔面上的线条一般用来完成电气连接，称为印制导线或铜膜导线；在非敷铜面上的连线一般用作元件描述或其他特殊用途。

通常印制导线是两个焊盘（或过孔）间的连线，而大部分的焊盘就是元件的引脚，当无法顺利连接两个焊盘时，往往通过跳线或过孔实现连接。图 3-7 中采用垂直布线法，一层水平走线，另一层垂直走线，两层间印制导线的连接由过孔实现。

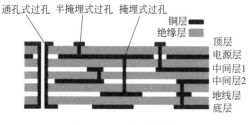

图 3-6 过孔剖面图

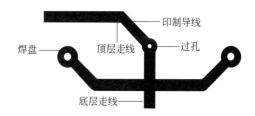

图 3-7 印制导线的走线图

5. 元件的封装（Component Package）

元件的封装是指实际元件焊接到电路板时所指示的外观和焊盘位置。

电原理图中的元件指的是单元电路功能模块，是电路图符号；PCB 设计中的元件是指电路功能模块的物理尺寸，是元件的封装。

不同的元件可以使用同一个元件封装，同种元件也可以有不同的封装形式。元件封装形式可以分为两大类：插针式元件封装（THT）和表面安装式封装（SMT），如图 3-8 所示。

元件封装的命名一般与引脚间距和引脚数有关，如电阻的封装 AXIAL0.3 中的 0.3

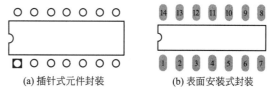

(a) 插针式元件封装　　(b) 表面安装式封装

图 3-8 两种类型的元件封装

表示引脚间距为 0.3in[❶] 或 300mil（1in＝1000mil）；双列直插式 IC 的封装 DIP8 中的 8 表示集成块的引脚数为 8，如图 3-9 所示。

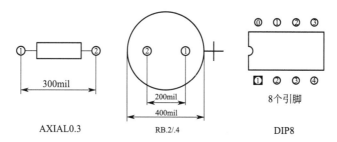

AXIAL0.3　　　　　RB.2/.4　　　　　DIP8

图 3-9 元件封装中数值的意义

---

❶ 1in＝0.0254m。

6. 安全间距（Clearance）

在进行印制板设计时，为了避免导线、过孔、焊盘及元件的相互干扰，必须在它们之间留出一定的间距，这个间距称为安全间距。

7. 网络（Net）和网络表（Netlist）

从元件的某个引脚上到其他引脚或其他元件引脚上的电气连接关系称作网络。网络表描述电路中元器件特征和电气连接关系，一般可以从原理图中获取，它是原理图设计和 PCB 设计之间的纽带。

8. 飞线（Connection）

飞线是在电路进行自动布线时供观察用的网络连线，网络飞线不是实际连线。通过网络表调入元件并进行布局后，就可以看到该布局下的网络飞线的交叉状况，飞线交叉越少，布通率越高。

自动布线结束，未布通的网络上仍然保留网络飞线，此时可以用手工连接的方式连通这些网络。

9. 栅格（Grid）

栅格用于 PCB 设计时的位置参考和光标定位。

一个好的布局，首先要满足电路的设计性能，其次要满足安装空间的限制，在没有尺寸限制时，要使布局尽量紧凑，减小 PCB 设计的尺寸，减少生产成本。为了设计出质量好、造价低的印制板，应遵循下面介绍的元件排列原则和印制电路板布线原则。

三、元件排列规则

以每个功能电路的核心元件为中心，围绕它来进行布局。元件应均匀、整齐、紧凑地排列在 PCB 上。尽量减少和缩短各元件之间的引线和连接。

① 按照信号走向布局：按照电路的流程安排各个功能单元的位置，使布局便于信号流通，并使信号尽可能保持方向一致。

② 防止电磁干扰：尽可能缩短高频元件之间的连线，设法减少它们的分布参数和相互间的电磁干扰，易受干扰的元件距离不能太近，输入和输出元件应尽量远离。

③ 抑制热干扰：对于发热的元器件，应优先安排在利于散热的位置，必要时可以单独设置散热器或小风扇，以降低温度，减少对邻近元器件的影响。热敏元件应紧贴被测元件并远离高温区域，以免受到其他发热元件影响，引起误动作。

④ 提高机械强度：注意整个 PCB 板的重心平衡与稳定，重而大的元件尽量安置在印制板上靠近固定端的位置，并降低重心，以提高机械强度和耐振、耐冲击能力，以及减少印制板的负荷和变形。

⑤ 可调节元件的布局：对于电位器、可变电容器、可调电感线圈或微动开关等可调元件的布局应考虑整机的结构要求，若是机外调节，其位置要与调节旋钮在机箱面板上的位置相适应；若是机内调节，则应放置在印制板上能够方便调节的地方。

四、印制电路板布线原则

进行布线时要综合考虑布局、板层、电路结构、电性能等各种因素，设计出高质量的 PCB 图。一般布线要遵循以下原则。

① 输入、输出端的导线应尽量避免相邻平行，平行信号线间要尽量留有较大的间隔，最好加线间地线，起到屏蔽的作用。

② 印制导线的最小宽度主要由导线与绝缘基板间的黏附强度和流过它们的电流值决定。一般选用导线宽度在 1.5mm 左右就可以满足要求，对于 IC，尤其数字电路通常选 0.2～0.3mm 就足够。只要密度允许，尽可能用宽线，尤其是电源和地线。

③ 导线的最小间距主要由最坏情况下的线间绝缘电阻和击穿电压决定。导线越短、间距越大，绝缘电阻就越大，一般选用间距 1～1.5mm 完全可以满足要求。对集成电路，尤其数字电路，只要工艺允许可使间距很小。

④ 印制导线如果需要进行屏蔽，在要求不高时，可采用印制导线屏蔽。对于多层板，一般通过电源层和地线层的使用，既解决电源线和地线的布线问题，又可以对信号线进行屏蔽，如图 3-10 所示。

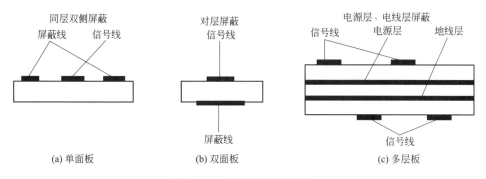

(a) 单面板　　　　(b) 双面板　　　　(c) 多层板

图 3-10　印制导线屏蔽方法

⑤ 印制导线在不影响电气性能的基础上，应尽量避免采用大面积铜箔。如果必须使用大面积铜箔时，应局部开窗口，以防止长时间受热时，铜箔与基板间的黏合剂产生的挥发性气体无法排除，热量不易散发，以致产生铜箔膨胀和脱落现象。大面积铜箔上的焊盘连接如图 3-11 和图 3-12 所示。

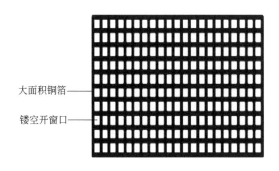

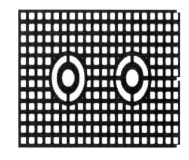

图 3-11　大面积铜箔镂空示意图　　　　图 3-12　大面积铜箔上的焊盘处理

⑥ 印制导线的拐弯处一般应取圆弧形，直角和锐角在高频电路和布线密度高的情况下会影响电气性能。

图 3-13 所示为印制板走线的示例，其中图（a）中三条走线间距不均匀；图（b）中走线出现锐角；图（c）、图（d）中走线转弯不合理；图（e）中印制导线尺寸比焊盘直径大。

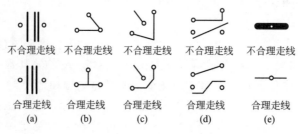

图 3-13　PCB 走线图

五、PCB 设计制造流程

PCB 设计流程：

① 原理图设计流程，如图 3-14 所示。

② PCB 设计流程，如图 3-15 所示。

③ 双层 PCB 制作流程，如图 3-16 所示。

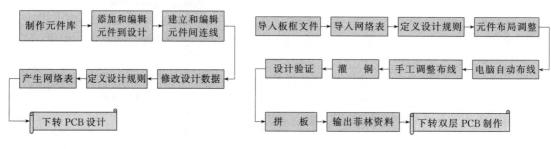

图 3-14　原理图设计流程　　　　　　　　图 3-15　PCB 设计流程

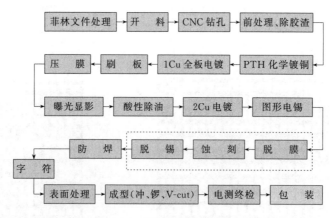

图 3-16　双层 PCB 制作流程

六、PCB 设计要点简述

1. PCB 布局设计要求

① 多层板一般分层方式为布线层 1、布线层 2、地、电源、布线层 3、布线层 4。

② 贴片元件尽量布到一面，可以减少过回流炉次数。

③ SMD 元件过波峰焊或底面回流焊接时要注意考虑"元件本身的重量"，以免

掉件。

④ 尽量少选用跳线，选取跳线时尺寸应尽量统一。

⑤ 不能用 SMD 器件作为手工焊的调测器件，SMD 器件在手工焊接时容易受热冲击损坏。

⑥ 经常插拔器件或板边连接器周围 3mm 范围内尽量不布置 SMD 器件，以免连接器插拔时产生的应力损坏器件。

⑦ 为了保证可维修性，BGA 器件周围需要留有 3mm 禁布区，最佳为 5mm 禁布区。

2. PCB 中的元器件

PCB 中的元器件主要由元器件图形（即封装外形）、焊盘、元器件属性三部分组成，如图 3-17 所示。

3. 自动布线菜单

用于执行与 PCB 自动布线相关的各种操作。

① "全部（A）"命令：对电路板自动布线。

② "网络（N）"命令：对指定网络中的全部连线进行自动布置。

③ "网络类（E）"命令：自动布线网络类。

④ "连接（C）"命令：对指定焊盘之间的连线进行自动布置。

⑤ "区域（R）"命令：区域自动布线。

⑥ "Room"命令：对位于 Room 空间中的全部连接自动布线。

⑦ "元件（O）"命令：对与选定元件的焊盘相连的连接自动布线。

⑧ "器件类（P）"命令：自动布线元件类。

⑨ "选中对象的连接（L）"：在选择的元件上自动布线。

⑩ "选择对象之间的连接（B）"：在选择的元件之间自动布线。

⑪ "扇出（F）"：输出对象。

⑫ "设置（S）"：设定自动布线器。

⑬ "停止（T）"：停止自动布线。

⑭ "复位"：重置自动布线。

⑮ "暂停"：暂停自动布线。

七、PCB 设计工具栏

1. 布线工具栏

布线工具栏如图 3-18 所示。布线工具栏中各按钮的作用如表 3-1 所示。

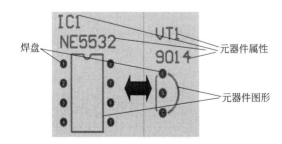

图 3-17　PCB 中元器件的组成

图 3-18　布线工具栏

表 3-1　布线工具栏的作用

按钮	功能	按钮	功能
	交互式布线连接		放置过孔
	交互式布多根线连接		通过边沿放置圆弧
	交互式布差分对连接		放置填充
	放置焊盘		放置多边形平面
	放置器件	A	放置字符串

单击放置器件按钮进入"放置元件"对话框，如图 3-19 所示，点击"…"可添加元件封装。

2. "应用工具"工具栏

"应用工具"工具栏如图 3-20 所示。"应用工具"工具栏中各按钮的作用如表 3-2 所示。

图 3-19　"放置元件"对话框

图 3-20　"应用工具"工具栏

表 3-2　"应用工具"工具栏

按钮	功能	按钮	功能
	放置直线	$+^{10,10}$	放置坐标
	放置标准尺寸		设置原点
	从中心放置圆弧		通过边沿放置圆弧（任意角度）
	放置圆环		阵列式粘贴

3. "排列工具"工具栏

"排列工具"工具栏中各按钮的作用如表 3-3 所示。

表 3-3　"排列工具"工具栏

按钮	功能	按钮	功能
	以左边沿对齐器件（Shift＋Ctrl＋L）		以顶对齐器件（Shift＋Ctrl＋T）
	使器件的水平间距相等（Shift＋Ctrl＋H）		使器件的垂直间距相等（Shift＋Ctrl＋V）

续表

按钮	功能	按钮	功能
	在 Room 内排列器件		垂直中心对齐器件
	建立元件联合		增加器件的垂直间距
	以右边沿对齐器件(Shift+Ctrl+R)		在区域内排列器件
	移动选中的器件到栅格上(Shift+Ctrl+D)		元器件对齐
	以底对齐器件(Shift+Ctrl+B)		减少器件的垂直间距
	以水平中心对齐器件		减少器件的水平间距
	增加器件的水平间距		

4. "发现选择"工具栏

"发现选择"工具栏中各按钮的作用如表 3-4 所示。

表 3-4 "发现选择"工具栏

按钮	功能	按钮	功能
	跳到选择中的第一个对象		跳到选择中的最后一个对象
	跳到选择中的第一个分组		跳到选择中的最后一个分组
	跳到选择中的前一个对象		跳到选择中的下一个对象
	跳到选择中的前一个分组		跳到选择中的下一个分组

5. "放置尺寸"工具栏

"放置尺寸"工具栏中各按钮的作用如表 3-5 所示。

表 3-5 "放置尺寸"工具栏

按钮	功能	按钮	功能
	放置线尺寸		放置角度尺寸
	放置径向尺寸		放置引线尺寸
	放置数据尺寸		放置基线尺寸
	放置中心尺寸		放置直径尺寸
	放置半径尺寸		放置标准尺寸

6. "放置 Room"工具栏

"放置 Room"工具栏中各按钮的作用如表 3-6 所示。

表 3-6 "放置 Room"工具栏

按钮	功能	按钮	功能
	放置矩形 Room		放置多边形 Room
	从器件产生非直角的 Room		从器件产生直角的 Room
	拷贝 Room 格式		切割 Room
	从器件产生矩形的 Room		

7. "栅格"工具栏

"栅格"工具栏可以使可视栅格和跳转栅格在英制和公制之间切换，如图 3-21 所示。

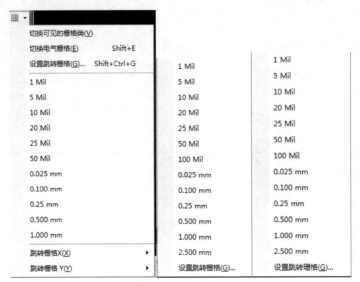

跳转栅格 X（X）跳转栅格 Y（Y）

图 3-21 "栅格"工具栏

八、绘制印制电路板的基本步骤

利用 Altium Designer13 提供的"PCB 板向导"创建 PCB 文件，设置 PCB 外形、板层、接口等参数。

① 点击"System"→选择"File"→进入"File 面板"，如图 3-22 所示→选择"从模板新建文件"栏，点击面板中的 按钮，将上面的卷展栏收起。

图 3-22 File 面板

② 点击 "■■ PCB Board Wizard" →进入 "PCB 板向导" 对话框，如图 3-23 所示。

图 3-23 "PCB 板向导" 对话框

③ 点击 "下一步" 按钮→进入 "选择 PCB 尺寸单位" 对话框→按钮 "英制的" 表示尺寸单位为 mil， "公制的" 表示尺寸单位为 mm，此处选公制，如图 3-24 所示。

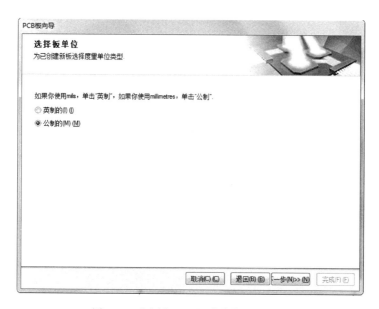

图 3-24 "选择 PCB 尺寸单位" 对话框

④ 点击 "下一步" 按钮→进入 "选择 PCB 模板" 对话框，如图 3-25 所示。从 Altium Designer13 提供的 PCB 模板库中选择标准板， "Custom" 选项，根据需要输入自定义尺寸。

⑤ 点击 "下一步" 按钮→进入 "选择 PCB 细节" 对话框→矩形→宽度 60.6mm（58mm＋2.6mm）→高度 60.6mm（58mm＋2.6mm），如图 3-26 所示。定义 PCB 板形状，有 "矩形" "圆形" "定制的"。

图 3-25　"选择 PCB 模板"对话框

图 3-26　"选择 PCB 细节"对话框

⑥ 点击"下一步"按钮→进入"设置信号层和电源层"对话框，如图 3-27 所示。若设计的是双层板，则信号层的数目设置为"2"，电源层设置为"0"。

⑦ 点击"下一步"按钮→进入"设置过孔类型"对话框，如图 3-28 所示，有"过孔、盲孔和埋孔"可以选择。

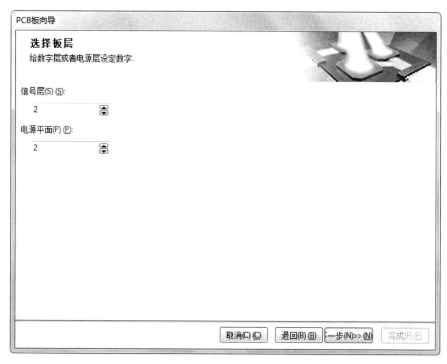

图 3-27　"设置信号层和电源层"对话框

图 3-28　"设置过孔类型"对话框

⑧ 点击"下一步"按钮→进入"设置元件类型和安装方式"对话框，如图 3-29 所示。"表面装配元件"选择项，表示设置的元件为表面贴片元件。"通孔元件"选择项，表示设置的元件为通孔直插式元件。

图 3-29 "设置元件类型和安装方式"对话框

⑨ 点击"下一步"按钮→进入"设置线和过孔尺寸以及导线最小间距"对话框，如图 3-30 所示。在该对话框中设置 PCB 导线的最小尺寸、过孔的最小孔径、导线间的最小间距。

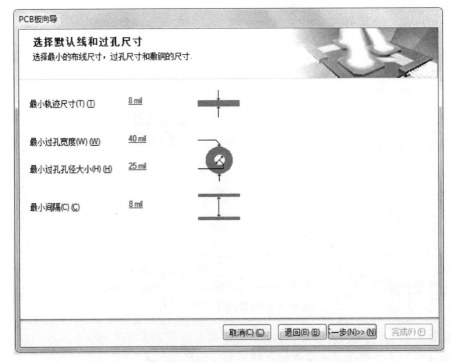

图 3-30 "设置线和过孔尺寸以及导线最小间距"对话框

⑩ 点击"完成"按钮完成 PCB 向导的创建，如图 3-31 所示，系统产生一个名为"PCB1.PcbDoc"的文件。

图 3-31　完成 PCB 向导创建

⑪ 根据向导创建的长 58mm、宽 58mm 的 PCB 板（长和宽分别加 2.6mm 的修正值），如图 3-32 所示。

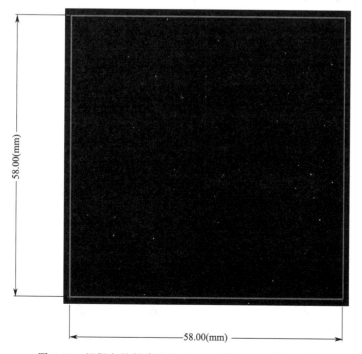

图 3-32　根据向导创建的长 58mm、宽 58mm 的 PCB 板

任务实施

创建红外线反射电路的 PCB 文件。

要求：红外线发射、接收管和电位器 RP1、RP2 为直插式封装，放置在 PCB 的顶层，发光二极管 LED2、LED3 为了观察方便也放置在 PCB 的顶层。红外信号输出端 OUT、外接 5V 电源端口和地线端口由 PCB 的顶层贯通至底层。其他元件使用贴片封装，PCB 的大小为长×宽：58mm×58mm。

Altium Designer13 PCB 绘制步骤：

步骤 1　新建 PCB 项目工程，如图 1-17 所示。

步骤 2　新建原理图文件，如图 1-18 所示。

步骤 3　利用向导创建 PCB 文件：给工程项目添加 PCB 文件，如图 3-33 所示。右单击项目"PCB _ project1.PrjPCB"→给工程添加新的（N）→PCB→建立 PCB 文件"PCB1.PcbDoc"。

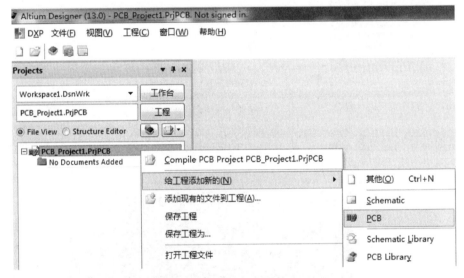

图 3-33　给项目工程添加 PCB

步骤 4　新建原理图库文件：给项目工程添加原理图库文件，如图 3-34 所示。

图 3-34　给项目工程添加原理图库

右单击项目"PCB_Project1.PrjPCB"→给工程添加新的（N）→Schematic Library→建立原理图库文件"SchLib1.SchLib"。

步骤5　新建PCB库文件：给项目工程添加PCB库文件，如图3-35所示。

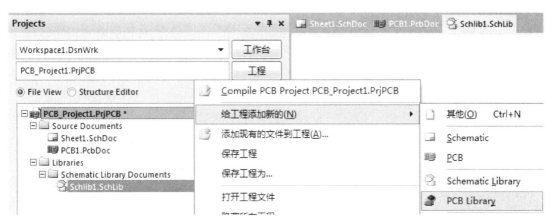

图3-35　给项目工程添加PCB库

右单击项目"PCB_Project1.PrjPCB"→给工程添加新的（N）→PCB Library→建立PCB库文件"PcbLib1.PcbLib"。

步骤6　利用向导创建PCB。

步骤7　原理图元件的绘制：绘制电位器→点击"红外反射.SchDoc"→进入原理图元件库编辑器界面→点击绘图工具 ✎ →使用直线绘制矩形→放置1、2、3号引脚→点击菜单工具→重新命名器件→输入电位器名称RP→点击 💾 保存电位器。绘制好的电位器如图3-36所示。

图3-36　由原理图元件库编辑器界面绘制的电位器

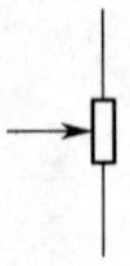

步骤 8　放置元件、添加参数、添加封装。

放置元件：点击按钮 SCH→SCH Library→选择 RP→放置→放置 RP1 元件，如图 3-37 所示。

图 3-37
RP1 元件

添加参数：按 Tab 键进入"原理图元件属性"对话框［如图 3-38(a)所示］。添加名称、序号，在左上角"标识符"空格处添加元件名称、序号，例如 RP1。

添加电阻的阻值，点击右侧中间的"添加（A）（A）…"按钮，进入"参数属性"对话框［如图 3-38(b)所示］，在"值"空格处输入 RP1 的参数 1MΩ。

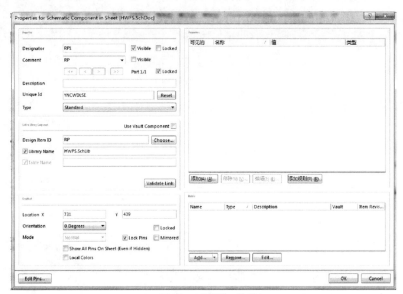

(a) "原理图元件属性"对话框

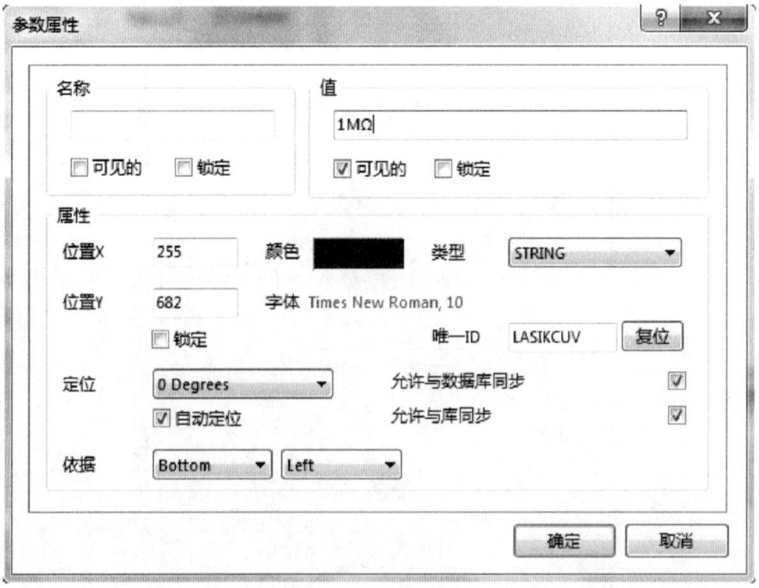

(b) "参数属性"对话框

图 3-38　添加参数

添加封装：点击右侧下边的"Add"按钮，进入"添加新模型"对话框［如图 3-39(a)所示］，点击"确定"按钮，进入"PCB 模型"对话框［如图 3-39(b)所示］，在"封装模型"

的"浏览（B）B…"按钮的小点点处点击，进入"浏览库"对话框［如图 3-39（c）所示］，左单击  添加常用封装库，选择"VR4"添加电位器封装，点击"确认"按钮 3 次，放置电位器。

(a) "添加新模型"对话框

(b) "PCB模型"对话框

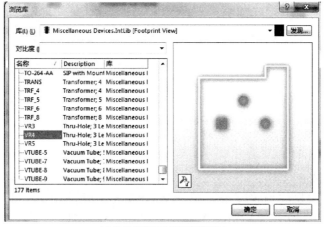

(c) 给电位器RP1添加封装VR4

图 3-39 添加封装

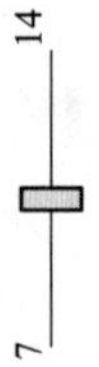

步骤 9 绘制 IC1（CD4069）元件：点击菜单工具→新器件→取消→点击绘图工具 →放置矩形→放置引脚 7、14 脚→工具→重新命名器件 IC1→保存，如图 3-40 所示。

步骤 10 创建 CD4069 封装：点击红外反射.PcbLib→进入元件封装编辑界面→工具→元器件向导→选择 CD4069 贴片封装 SOP，如图 3-41 所示。选择焊盘间距，如图 3-42 所示。

图 3-40 IC1（CD4069）元件

图 3-41 CD4069 选择贴片封装 SOP

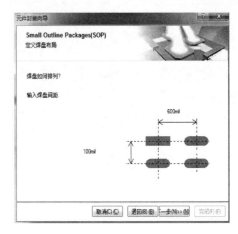

图 3-42 选择焊盘间距

选择封装轮廓线宽，如图 3-43 所示。选择引脚数目，如图 3-44 所示。

图 3-43 选择封装轮廓线宽

给芯片命名为 IC1，如图 3-45 所示。点击"完成"确认芯片封装设置，如图 3-46 所示。完成创建的 CD4069 封装如图 3-47 所示。

步骤 11 依次放置电阻 R1～R17，放置电解电容 C2、C3、C6，非电解电容 C1、C4、C5、C7、C8，红外线发射 HW1、接收管 HW2，发光二极管 LED1、LED2、LED3，二极管 5819、4148，稳压管 VS1，三极管 VT1、VT2、VT3、VT4。布局、连接导线、修改参数，放置电源和接地符号 VCC、GND。绘制好的电路原理图如图 3-48 所示。

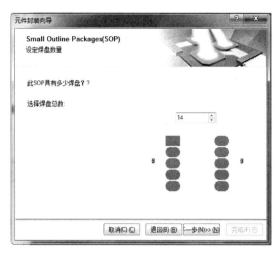

图 3-44　选择引脚数目

图 3-45　给芯片命名为 IC1

图 3-46　点击"完成"确认芯片封装设置

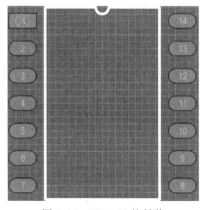

图 3-47　CD4069 的封装

步骤12　选择封装：电位器和红外发射/接收管选择直插式封装，其他元件选择贴片封装。

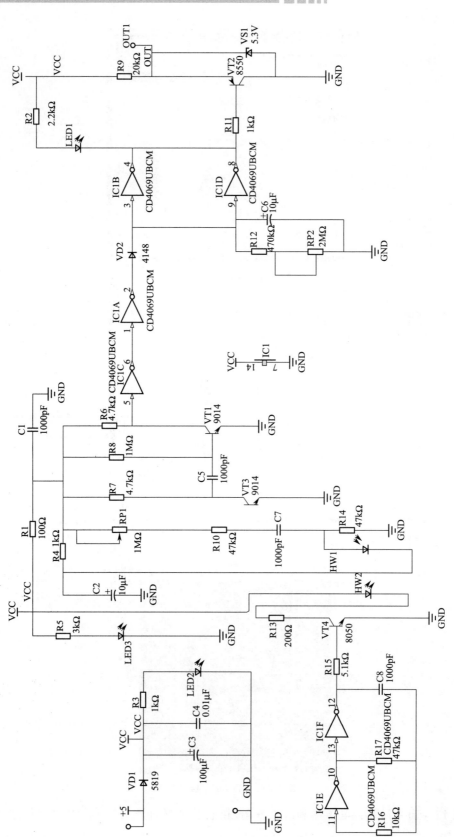

图 3-48 红外线反射电路原理图

点击自动布线→全部→布线策略→编辑规则，布线策略如图 3-49 所示。

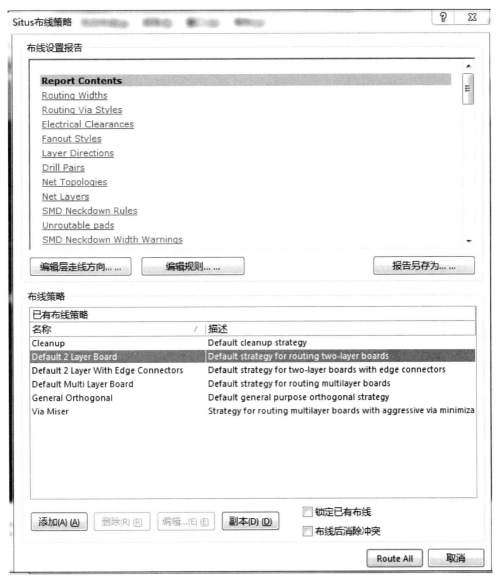

图 3-49 布线策略

采用双面布线，发光二极管 LED2、LED3 在顶层、其他器件在底层。双击元件→选择顶层（Top Layer）→双击元件→选择底层（Bottom Layer）→点击确定→自动布线、手动调整。红外线反射电路的 PCB 图，如图 3-50 所示。

步骤 13 敷铜：在布线工具栏，点击▦放置多边形平面，选择敷铜接地、填充模式 Hatched(Tracks/Arcs)影线化填充（导线/弧），选择八角形，选择孵化模式→选择 45 度，Top Layer 和 Bottom Layer 各敷铜一次，点击确定→点击矩形的四个定位角→右键点击开始敷铜。

"多边形敷铜"对话框如图 3-51 所示，底层 PCB 敷铜图如图 3-52 所示，顶层 PCB 敷铜图如图 3-53 所示。

步骤 14 导出元件明细表：报告→Bill of Materials→产生元件属性，如图 3-54 所示。

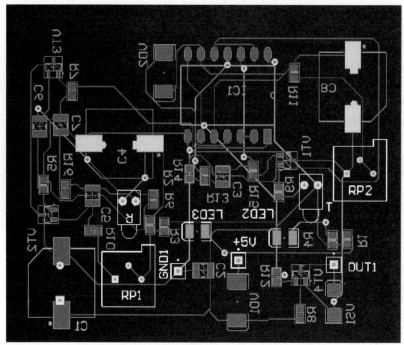

图 3-50 红外线反射电路的 PCB 图

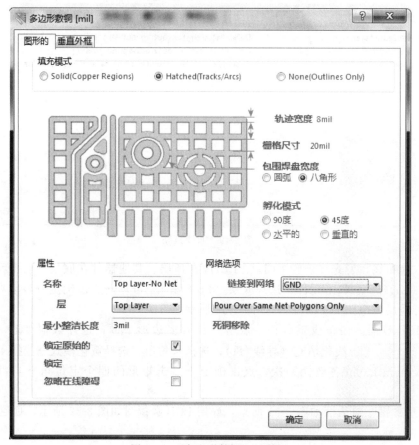

图 3-51 "多边形敷铜"对话框

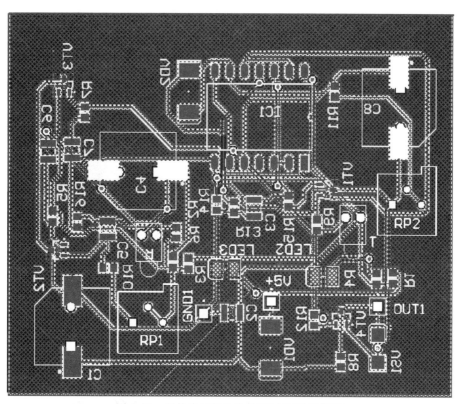

图 3-52 红外线反射电路的底层 PCB 敷铜图

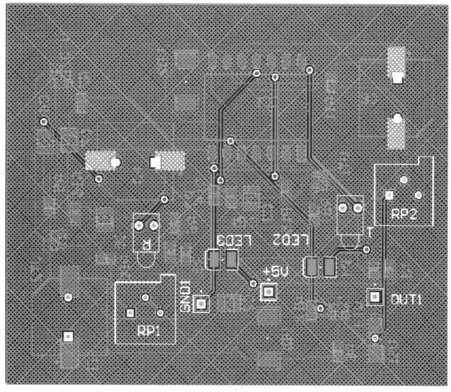

图 3-53 红外线反射电路的顶层 PCB 敷铜图

Comment	Description	Designator	Footprint	LibRef	Quantity
Component_1		+1, GND1, OUT1	PIN1	Component_1	
Cap Semi	Capacitor (Semiconduct	C1, C4, C5, C7, C8	C1210	Cap Semi	
Cap Pol3	Polarized Capacitor (Sur	C2, C3, C6	ABSM-1574	Cap Pol3	
Photo Sen	Photosensitive Diode	HW1	LED-1	Photo Sen	
LED3	Typical BLUE SiC LED	HW2	LED-1	LED3	
CD4069UBCM	Hex Inverter, 14-Pin SOI	IC1	M14A_N	CD4069UBCM	
IC1		IC1		IC1	
LED3	Typical BLUE SiC LED	LED1	3.5X2.8X1.9	LED3	
LED1	Typical BLUE SiC LED	LED2	3.5X2.8X1.9	LED3	
LED2	Typical BLUE SiC LED	LED3	3.5X2.8X1.9	LED3	
Res2	Resistor	R1, R2, R3, R4, R5, R6, R	6-0805_N	Res2	
Component_2		RP1, RP2	VR4	Component_2	
5819	Default Diode	VD1	SMC	Diode	
4148	Default Diode	VD2	SMC	Diode	
D Zener	Zener Diode	VS1	SMB	D Zener	
9014	NPN Bipolar Transistor	VT1, VT3	SOT-23B_N	QNPN	
8550	PNP Bipolar Transistor	VT2	SOT-23B_N	PNP	
8050	NPN Bipolar Transistor	VT4	SOT-23B_N	QNPN	

图 3-54　红外线反射电路元件属性

拓展训练

绘制单片机音乐控制电路原理图和 PCB 板。

说明：在 D 盘根目录上以准考证号为名建立文件夹，竞赛所得到的所有文件均存入该文件夹中，选手用自己姓名的拼音在指定文件夹中建立工程库文件（.DDB），如 xx.DDB。

绘制单片机音乐控制电路原理图的要求如下：

① 选手在工程库文件中新建立一个原理图子文件，文件名为：Sheet1.sch。

② 按图 3-55 所示内容绘制电路图。要求各集成块引脚位置及属性按图中所示设置，并参照图 3-56 对各元件 Footprint 属性项进行选置。

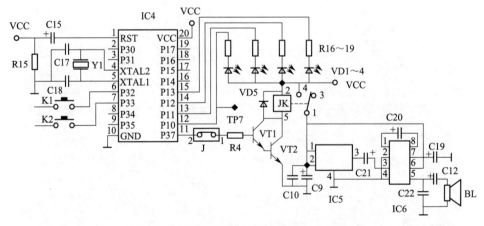

图 3-55　单片机音乐控制电路图的双面 PCB 图

③ 生成原理图的网络表文件。

④ 生成原理图的元件列表文件。

⑤ 保存文件。

提示：单片机音乐控制电路元件属性如图 3-57 所示。

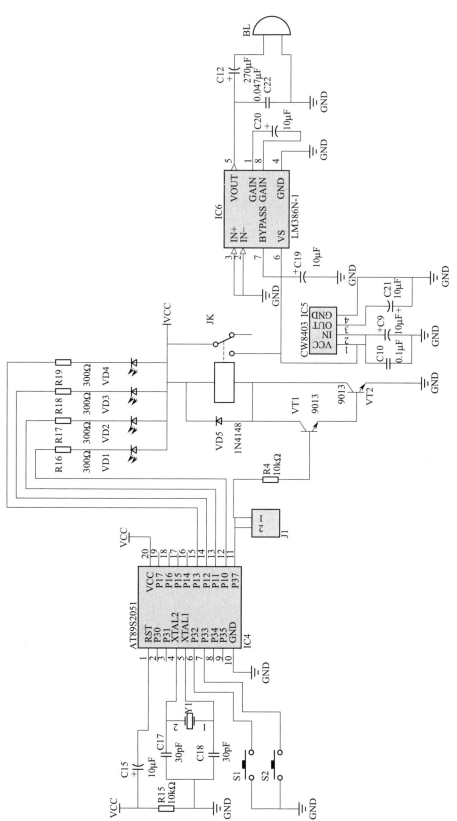

图 3-56 单片机音乐控制电路原理图

Comment	Description	Designator	Footprint	LibRef
IC4		AT89S2051	IC4	IC4
Bell	Electrical Bell	BL	PIN2	Bell
Cap Pol1	Polarized Capacitor (Rac	C9, C15, C19, C20, C21	CAPR5-4X5	Cap Pol1
Cap	Capacitor	C10	RAD-0.3	Cap
Cap Pol1	Polarized Capacitor (Rac	C12	RB7.6-15	Cap Pol1
Cap	Capacitor	C17, C18, C22	RAD-0.1	Cap
IC5		CW8403	CW8403	IC5
LM386N-1	Low Voltage Audio Pow	IC6	LM386	LM386N-1
Header 2	Header, 2-Pin	J1	HDR1X2	Header 2
Relay-SPDT	Single-Pole Dual-Throw	JK	RELAY	Relay-SPDT
Res2	Resistor	R4, R15, R16, R17, R18,	AXIAL-0.4	Res2
SW-PB	Switch	S1, S2	S	SW-PB
LED1	Typical RED GaAs LED	VD1, VD2, VD3, VD4	LED-1	LED1
1N4148	High Conductance Fast	VD5	DO-35	Diode 1N4148
9013	NPN Bipolar Transistor	VT1, VT2	TO-226-AA	NPN
XTAL	Crystal Oscillator	Y1	R38	XTAL

图 3-57　单片机音乐控制电路元件属性

生成电路印制板图的要求如下：

① 选手在工程库文件中新建一个 PCB 子文件，文件名为：PCB1. PCB。

② 生成图 3-55 的双面 PCB 图，双面板的尺寸规格和元件布局要求参见图 3-58。

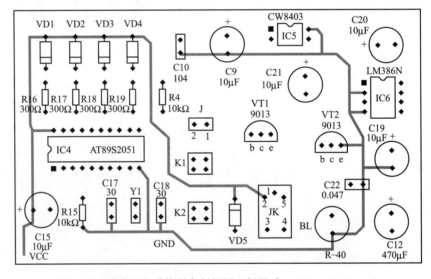

图 3-58　单片机音乐控制印制板图（板尺寸：120mm×80mm）

③ 要求网络 VCC 和 GND 按图 3-58 所示布线：VCC 和 GND 均在底层，线宽为 40mil。

④ 其他连线宽度为 12mil。用自动布线完成，并对布线进行手工优化调整。

⑤ 保存文件。

单片机音乐控制原理图如图 3-56 所示，PCB 板设计效果如图 3-59 所示。顶层敷铜见图3-60 所示，底层敷铜见图 3-61 所示。

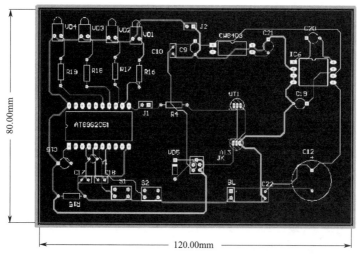

图 3-59 单片机音乐控制电路 PCB 图

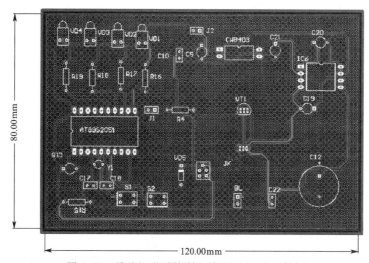

图 3-60 单片机音乐控制电路 PCB 图顶层敷铜

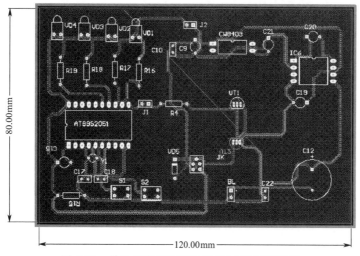

图 3-61 单片机音乐控制电路 PCB 图底层敷铜

　　重点：单片机和音乐片等需要自制元件和封装，按键封装如图 3-62 所示，继电器封装如图 3-63 所示，CW8403 音乐芯片封装如图 3-64 所示，LM386 音频集成功放封装如图 3-65 所示，AT89S2051 单片机封装如图 3-66 所示，自制元件 AT89S2051 单片机如图 3-67 所示，自制元件 CW8403 音乐芯片如图 3-68 所示。

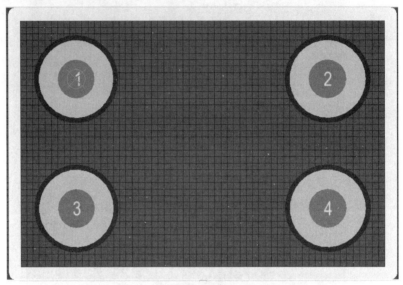

图 3-62　按键封装

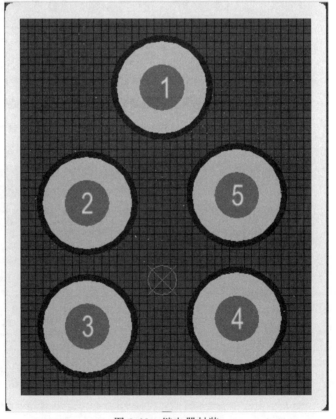

图 3-63　继电器封装

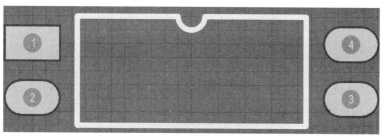

图 3-64　CW8403 音乐芯片封装

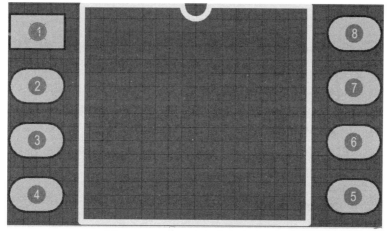

图 3-65　LM386 音频集成功放封装

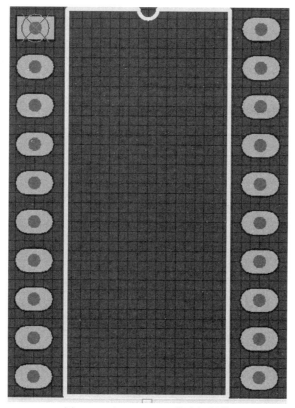

图 3-66　AT89S2051 单片机封装

1	RST	VCC	20
2	P30	P17	19
3	P31	P16	18
4	XTAL2	P15	17
5	XTAL1	P14	16
6	P32	P13	15
7	P33	P12	14
8	P34	P11	13
9	P35	P10	12
10	GND	P37	11

图 3-67　AT89S2051 单片机自制元件

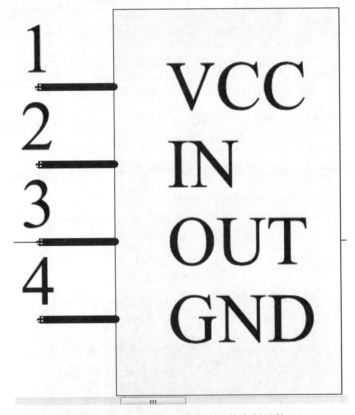

图 3-68　CW8403 音乐芯片元件自制元件

难点：查找功放芯片时"运算符"使用"包含"才能顺利搜索。

任务一小结 ⌖

熟练掌握手工放置元件封装、生成网络表，自动布线和手动布线相结合，敷铜以争强抗干扰能力是本章的重点。

实训作业 ⌖

武林风拳击赛采用 3min 一局，请根据图 3-69 设计 3min 倒计时电路的 PCB 板。

提示：3min 倒计时电路元件属性如图 3-70 所示。

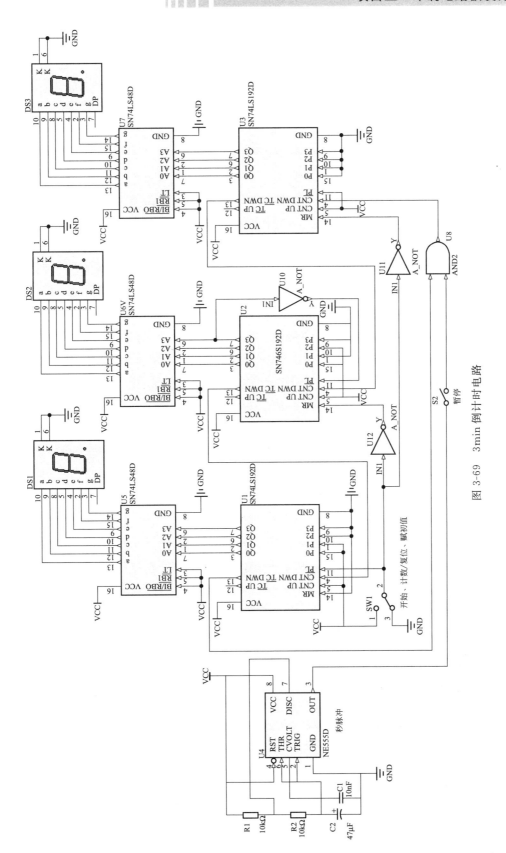

图 3-69 3min 倒计时电路

Comment	Description	Designator	Footprint	LibRef
Cap	Capacitor	C1	RAD-0.3	Cap
Cap Pol1	Polarized Capacitor (Rad	C2	RB7.6-15	Cap Pol1
Dpy Amber-CC	7.62 mm Black Surface C	DS1, DS1, DS2, DS2, DS3	A	Dpy Amber-CC
Res2	Resistor	R1, R1, R2, R2	AXIAL-0.4	Res2
SW-SPST	Single-Pole, Single-Thro	S2	SPST-2	SW-SPST
SW-SPDT	SPDT Subminiature Tog	SW1	TL36WW15050	SW-SPDT
SN74LS192D	Presettable BCD Decade	U1, U1, U2, U2, U3, U3	751B-03_N	SN74LS192D
NE555D	General-Purpose Single	U4	SO8_N	NE555D
SN74LS48D	BCD-to-Seven-Segment	U5, U5, U6, U6, U7, U7	D016_N	SN74LS48D
AND2	2 Input AND	U8		AND2
A_NOT	Inverter	U10, U10, U11, U11, U12		A_NOT

图 3-70　3min 倒计时电路元件属性

任务二 ▷▷▷

印制电路板编辑

知识目标

① 了解 Altium Designer13 设计规则；

② 了解 PCB 布局方法；

③ 掌握 PCB 布线方法；

④ 能够给 PCB 敷铜、补泪滴。

技能目标

① 熟悉 Altium Designer13 中印制电路板设计规则的查找、修改与添加等设置；

② 掌握印制电路板（PCB）的布局方法与布线方法；

③ 了解印制电路板敷铜、泪滴的作用与操作方法。

任务概述

当今社会正处于高速发展时期，随着科学技术的发展，电子产品正逐步向着复杂化、小型化等方向发展，PCB 上的电子元器件随之越来越密集，元器件之间的电路连接关系也变得越来越复杂。因此 PCB 上元器件的布局与布线是否合理也影响着电子产品（或系统）能否稳定工作。

任务描述

根据所给原理图，用 Altium Designer13 软件抄画出并独自尝试设计 PCB 板，输出相应加工文件，使其能够在加工焊接后正常使用。

任务分析

启动 Altium Designer13，添加工程文件、PCB 文件、原理图库文件以及 PCB 封装库文件。抄画原理图并为各元器件添加 PCB 封装。设计 PCB 基本参数，导入网络表与元器件，对元器件进行布局，然后布线、敷铜（或补泪滴），最后输出加工文件。

知识准备

能够熟练使用所学的软件，掌握软件中元器件的查找方法，可以较为熟练地进行原理图的绘制及原理图元件库的使用，熟悉 PCB 板的基本设置。

一、PCB 的设计流程

利用 Altium Designer13 进行 PCB 板的设计时，需要遵循基本的设计流程：

① 电路原理图的设计：包括添加每个元器件的封装，是 PCB 板设计的基础。

② PCB 板基础参数的设置：包括 PCB 板的形状、结构尺寸、板层的设置等。

③ PCB 板元器件的布局：主要意义在于合理安排元器件的位置，以便使随后的布线更方便，更合理。元器件布局分自动布局和手动布局。

④ PCB 布线规则设置：用于设置 PCB 布线时的导线间隔、布线主要方向等应当遵循的各种规则。

⑤ 布线：首先应进行自动布线，一般简单的电路，布局合理的电路通过自动布线都能满足使用要求。若自动布线有不合理之处，就应当运用手动布线进行调整。

⑥ DRC 校验：也就是设计规则检查。布线完成后，需要用 DRC 检查，以便发现 PCB 不完善之处。

⑦ 保存设计并输出：对设计文件进行保存并对各种报表及 PCB 文件进行打印。

二、PCB 的设计原则

1. PCB 布线图的注意事项

① PCB 布线时不允许有交叉电路，若可能出现交叉电路，常用"绕"和"钻"的方法解决，即引线从二极管、电阻等的元器件引脚之间的空隙钻过去，或者从可能交叉的引线一端绕过去。

② 要区分二极管、电阻等元器件的安装形式，是立式安装还是卧式安装。两种安装形式的两引脚间距是不同的。

③ 对于公共地线、电源线等强电流导线，应尽可能宽一些。

④ 印制板导线间的距离要注意，导线之间的距离越近，其分布电容越大，绝缘强度降低。应根据电路性质合理设置导线间距。

⑤ PCB 上的易受干扰元件应做好相应的隔离措施，如热敏元件要远离发热源，高频开关类元件要加屏蔽罩等。

2. PCB 设计时的注意事项

① 布线方向：从插件、焊接、调试等层面上看，元器件的排列方向应尽可能地与原理图一致，布线的方向尽可能地与原理图走线方向一致。

② 各元器件分布要整齐均匀、美观。

③ 在保证电路性能的条件下，应尽可能地少用外接跨线（飞线）。

三、Altium Designer13 PCB 常用的设计规则

Altium Designer13 为 PCB 的布局、布线等设计提供了众多规则，可以方便有效地进行

设置与修改，为用户使用提供了便利。

打开 Altium Designer13 软件，创建新工程→在工程中添加 PCB 设计文件→在 PCB 设计文件中执行菜单命令"设计"→选择"规则"选项，打开"PCB 规则和约束编辑器"对话框，如图 3-71 所示。

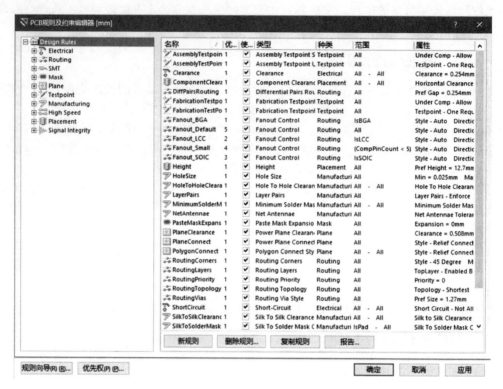

图 3-71　"PCB 规则和约束编辑器"对话框

该对话框的 PCB 设计规则包含如下内容：

① Electrical：电气规则设置。

② Routing：布线规则设置。

③ SMT：表面贴装技术（焊盘）规则设置。

④ Mask：组焊层规则设置。

⑤ Plane：内电层规则设置（多指 VCC 与 GND 电源）。

⑥ Testpoint：测试点规则设置。

⑦ Manufacturing：PCB 制作规则设置。

⑧ High Speed：高速电路规则设置。

⑨ Placement：PCB 布局规则设置。

⑩ Signal integrity：信号完整性规则设置。

1. 电气规则设置

单击 Electrical 前面的符号"＋"展开电气规则选项。

① Clearance（安全间距规则）用于设置导线与导线、焊盘与焊盘、导线与焊盘等图元之间的最小间隙。通常设置值在 $0.203 \sim 0.305$mm 之间。也可根据电路性质设置。Clearance 的设置对话框如图 3-72 所示。

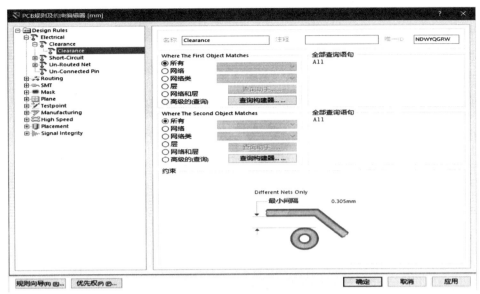

图 3-72　Clearance 设置对话框

从对话框中可以看出设置分上下两部分，分别选取图元类型，修改 0.305mm 的值，然后点击"应用"即可设置完成。若要设置多种安全间距，需将鼠标指针放在 Clearance 上，单击鼠标右键，选择新建规则再次进行设置。完成后点击"应用"按钮，此类型修改完成后点击"确定"按钮退出。

② Short-Circuit（短路规则）用于设置是否两个图元允许短路。PCB 设计中，一般情况是尽量避免图元之间的短路，若 PCB 设计中既有数字信号又有模拟信号，那么就产生了数字地与模拟地两个接地信号。在 PCB 设计即将完成时，需要将两个地信号的某一端短接，以此提高电路的抗干扰性、稳定性。此时就需要设置"短路规则"，如图 3-73 所示。

图 3-73　短路规则设置对话框

　　如果允许某些网络短接，只需勾选对话框中的（允许短电流）复选框即可，然后设置相应短接网络。

　　③ UnRouted Net（未布线网络规则）用于检测网络布线的完整性，未布完的网络，使其仍然保持飞线的状态。未布线网络规则设置对话框如图 3-74 所示。

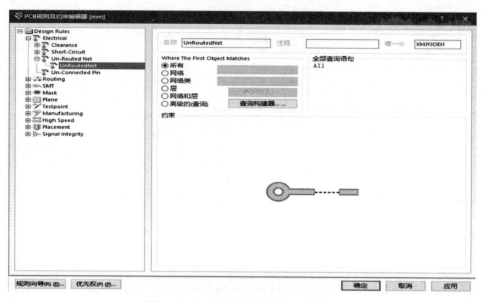

图 3-74　未布线网络规则设置对话框

　　④ UnConnected Pin（未连接引脚规则）用于检查是否存在悬空的引脚。在实际的设计中，都会存在一定的悬空引脚，该规则一般不进行设置。未连接引脚规则设置对话框如图 3-75 所示。

图 3-75　未连接引脚规则设置对话框

2. 布线规则设置

① Width（布线宽度规则）用于设置自动布线时导线的宽度，如图 3-76 所示。其中，"Min Width" 是最小宽度值设定，"Preferred Width" 是推荐宽度值设定，"Max Width" 是最大宽度值设定。

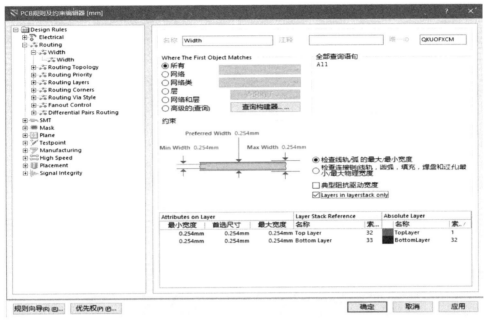

图 3-76　布线宽度设置对话框

勾选"典型阻抗驱动宽度"可设置导线阻抗值。勾选"Layers in layerstack only"（只有图层堆栈中的层）约束图层堆栈中的层，否则会显示所有层。

② Routing Topology（布线拓扑结构规则）用于设置自动布线时的布线拓扑结构规则，如图 3-77 所示。

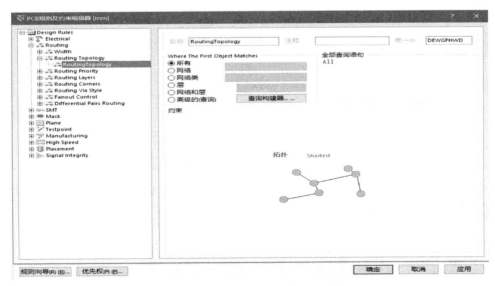

图 3-77　布线拓扑结构规则设置对话框

单击"拓扑"栏的下拉箭头，弹出可选的拓扑结构如图 3-78 所示。

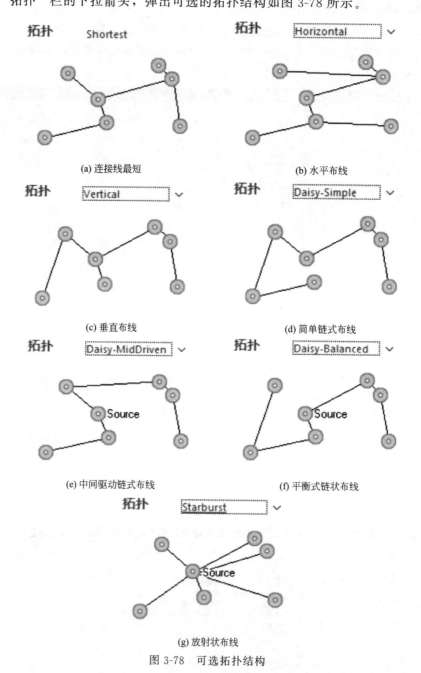

图 3-78　可选拓扑结构

③ Routing Priority（行程优先权）用于设置自动布线时各网络布线的先后顺序，其中数字"0"优先级最低，数字"100"优先级最高。先选择优先布线的网络，然后在行程优先级后面选择相应的数字，选择完成后保存退出即可，如图 3-79 所示。

④ Routing Layers（布线层规则）用于设置自动布线时信号所在的层，也可理解为设置单面板、双面板、多面板等。只需勾选激活的层中需要布线的层即可，如图 3-80 所示。

⑤ Routing Corners（布线拐角规则）用于设置布线时导线转弯的样式，如图 3-81所示。

图 3-79 行程优先权对话框

图 3-80 布线层规则对话框

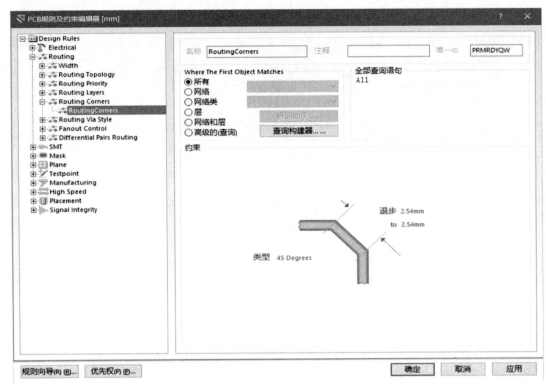

图 3-81　布线拐角规则设置对话框

拐角样式有 3 种，打开类型下拉栏，可看到"90Degrees""45Degrees""Rounded"，具体如图 3-82 所示。

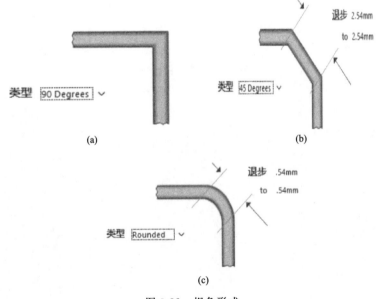

图 3-82　拐角形式

⑥ Routing Via Style（布线导通孔类型）用于设置布线过程中产生的导通孔的类型、参数，如图 3-83 所示。

图 3-83　布线导通孔设置对话框

3. PCB 制作规则设置

① Minimum Annular Ring（最小包环规则）用于设置 PCB 板焊盘或通孔的环形铜膜的最小宽度，如图 3-84 所示。

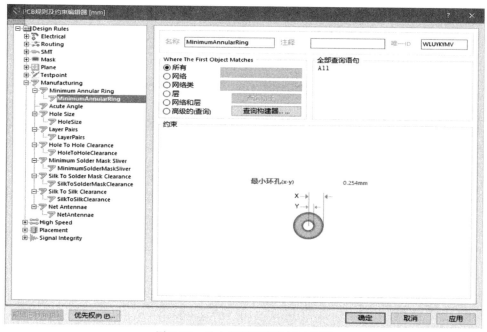

图 3-84　最小包环规则设置对话框

"约束"中 X 为焊盘或通孔的外环半径；Y 为焊盘或通孔的内环半径；（X－Y）为包环的大小。

② Acute Angle（锐角规则）用于设置 PCB 板上铜膜导线的最小夹角，如图 3-85 所示。

图 3-85　锐角规则设置对话框

③ Hole Size（孔尺寸规则）用于设定通孔的大小，如图 3-86、图 3-87 所示。测量方法有两类：一是"Absoiute"绝对值形式；二是"Percent"百分比形式。无论选哪种形式，都需填写最大值与最小值。

图 3-86　通孔绝对值设置

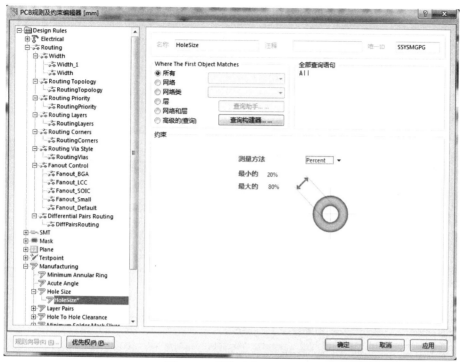

图 3-87　通孔百分比设置

4. PCB 布局规则设置

① Room Definition（Room 空间定义规则）用于定义元器件的 Room 空间。定义规则如图 3-88 所示。

图 3-88　Room 空间定义规则

对话框"约束"栏中有以下几项：

a. 空间锁定：设置是否锁定 Room 空间。

b. 锁定的元件：设置 Room 空间中元件的锁定。

c. 定义…：单击该按钮，跳转至 PCB 编辑界面，光标变为十字形，可设置 Room 空间的外形。

d. X1、Y1、X2、Y2：用于设置 Room 矩形空间的四个对角线顶点。

e. 单击 Top Layer 栏，可设置 Room 空间所在板层。

f. 单击 Keep Objects Inside 栏，可用于设置元器件的位置。

② Component Clearance（元器件间距规则）用于设置元器件之间的最小间距，对话框如图 3-89 所示。

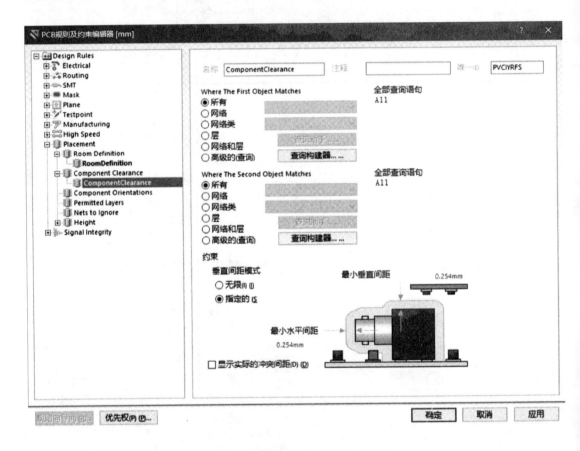

图 3-89 元器件间距规则设置对话框

③ Component Orientations（元器件方向规则）主要用于设置 PCB 板元件的布局方向，如图 3-90 所示。约束栏允许定位中有"0 度""90 度""180 度""270 度""所有方位"等选项可勾选。

④ Permitted Layers 用于设置元器件所在板层，如图 3-91 所示。板层可选"顶层"或"底层"。

⑤ Height（高度规则）用于设置 PCB 安装或焊接元器件的封装高度，如图 3-92 所示。约束栏中有"最小""优选""最大"三个条件。

图 3-90　元器件方向规则设置对话框

图 3-91　元器件板层设置

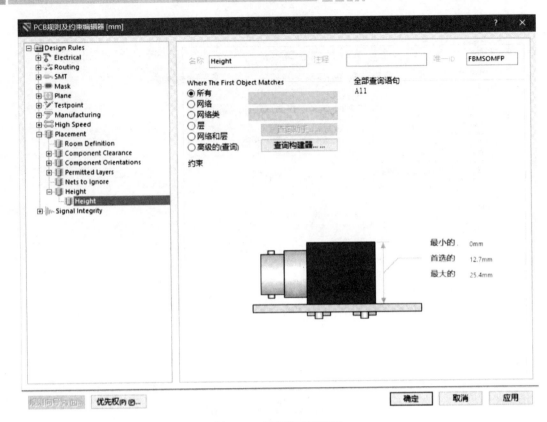

图 3-92　元器件高度设置

5. 设计规则向导

在 PCB 设计文件面板中，单击"设计"选项，然后单击"规则向导"或在"PCB 规则及约束编辑器"中单击"规则向导"，弹出"新建规则向导"对话框。通过系统引导可以完成新规则的建立。

四、元器件的布局

根据图 3-93 利用 Altium Designer13 软件设计/抄画原理图，将网络表和元器件载入 PCB 设计环境，设置 PCB 设计规则，然后进行元器件布局操作。

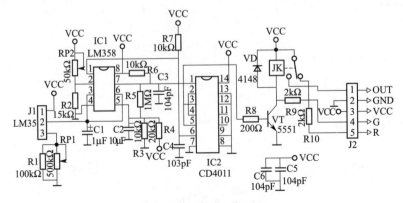

图 3-93　LM35 温控电路

1. 反向测绘

利用 Altium Designer13 抄画的原理图如图 3-94 所示。

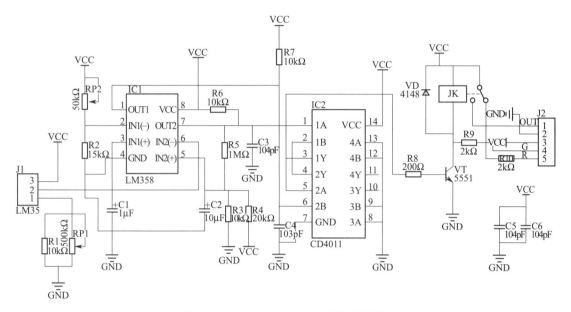

图 3-94 Altium Designer13 所画原理图

2. 导入网络报表

（1）网络表定义及功能

网络表是设计电路板过程中所需的非常重要的文件，它是连接电气原理图和 PCB 板的桥梁。网络表是对电气原理图中各元件之间电气连接的定义，是从图形化的原理图中提炼出来的元件连接网络的文字表达形式。在 PCB 制作中加载网络表，可以自动得到与原理图中完全相同的各元件之间的连接关系。

（2）PCB 元器件

网络表经过软件检查无误后，会在 PCB 中生成元器件，然后进行下一步的元件布局。元器件主要反映原理图中的元件符号、元件规格型号与元件封装，尤其是元件封装的正确与否将直接影响最终的电路板能否安装真实元件。

添加封装导出网络表与元器件，如图 3-95、图 3-96 所示。

3. 元器件的自动布局

现在我们已将 LM35 温控电路的网络表与元器件载入了 PCB 设计环境。运用前边所学知识对 PCB 的设计规则、PCB 的环境参数进行设置后，就可以开始元器件的布局了。Altium Designer 13 为我们提供了两种布局方式：自动布局和手动布局。在布局过程中或结束后，若发现两元件相邻很近且外边框为绿色，说明其间距太近。

在 PCB 设计界面中，单击菜单栏的"工具"选项，选择"器件布局"，在列表中选择"自动布局"，弹出如图 3-97 所示对话框。

在图 3-97 中，有两种选项：成群的放置项（老版本为分组布局）和统计的放置项（老版本为统计式布局）。成群的放置项适用于元器件较少的电路布局，速度较慢；统计的放置项适用于元器件较多的电路布局，此选项较为常用。我们把 LM35 通过统计式布局的效果

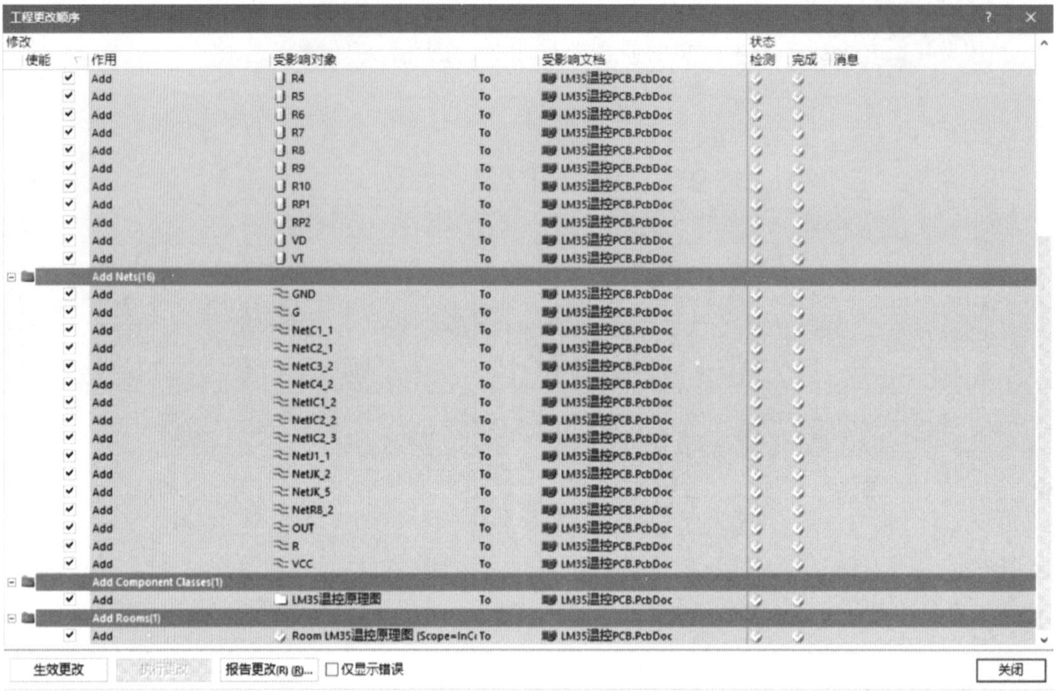

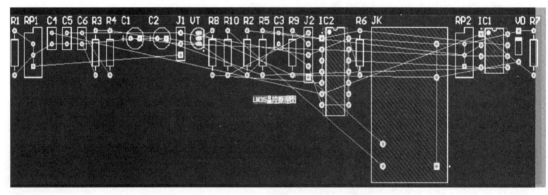

图 3-95　LM35 温控电路网络表

图 3-96　LM35 温控电路 PCB 载入的元器件

如图 3-98 所示。

由图 3-98 可以看出，自动布局完成后元器件排列整齐，同类元器件相邻，界面有序。但根据实际的设计、生产情况，自动布局会存在很多不合理之处，此时就需要我们结合手动布局进行调整（若手动布局能力欠缺，在自动布局时应当多重复几次，选择较为合理的一个布局）。

4. 元器件的手动布局

元器件的手动布局用于调整自动布局完成后所出现的不合理之处。

在 PCB 编辑界面中，移动鼠标光标使其处于所需移动元器件的上方，按住鼠标左键不放，光标变为十字形。此时移动鼠标（光标）即可将元器件移动至预定位置。同时，若想要元器件旋转角度，只需鼠标点中元器件不放，再按空格键即可实现元器件的翻转。有时还需

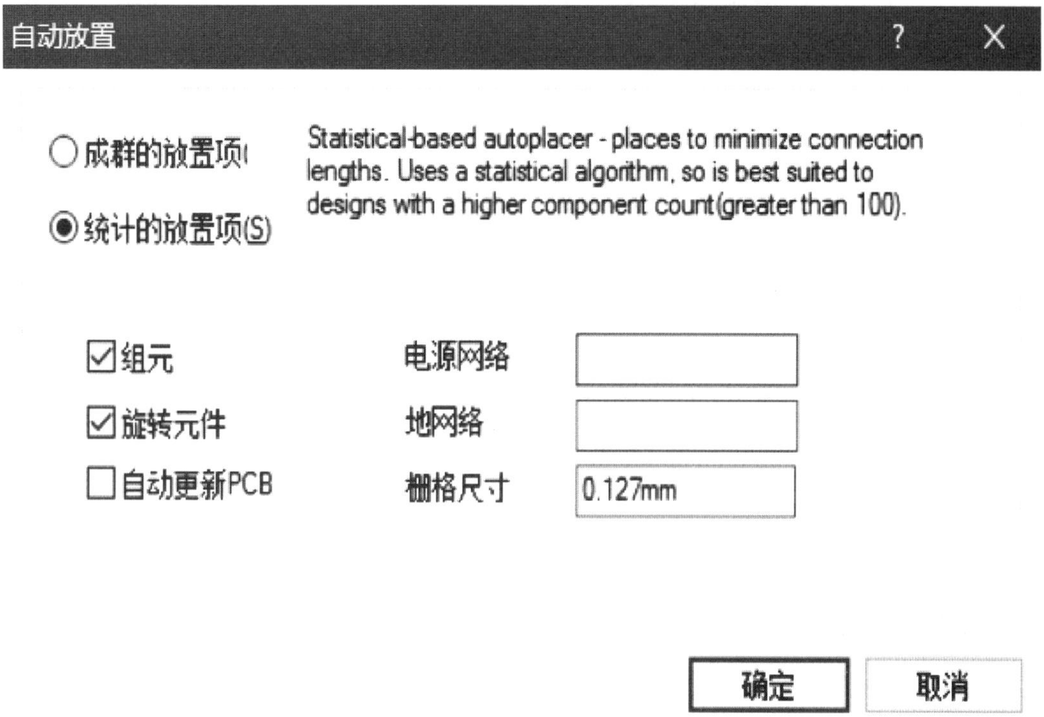

自动放置   ?   X

○ 成群的放置项(

◉ 统计的放置项(S)

Statistical-based autoplacer - places to minimize connection
lengths. Uses a statistical algorithm, so is best suited to
designs with a higher component count(greater than 100).

☑ 组元   电源网络   [   ]

☑ 旋转元件   地网络   [   ]

☐ 自动更新PCB   栅格尺寸   [0.127mm   ]

[确定]   [取消]

图 3-97   自动布局对话框设置

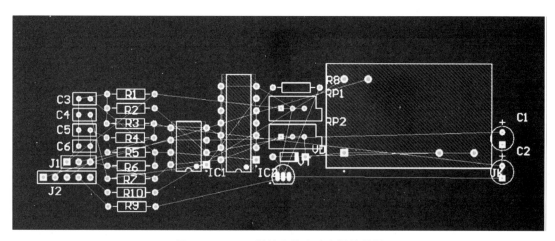

图 3-98   LM35 温控电路自动布局效果图

要在 PCB 编辑环境中修改个别元器件的参数，鼠标点中元器件，同时按 Tab 键即可弹出如
图 3-99 所示的"元器件属性"对话框进行元器件参数的修改。

此外，也可通过菜单栏"编辑"→"移动"→"器件"来移动元器件。布局完成后要查看元
器件密度情况，尤其注意大功率器件，其周围元件要密度小一些（距离远一些），方便其
散热。

5. 关于 ROOM 空间的布局

ROOM 空间就是把功能相同或实现单一功能的部分电路元器件集合在一起，布局时可

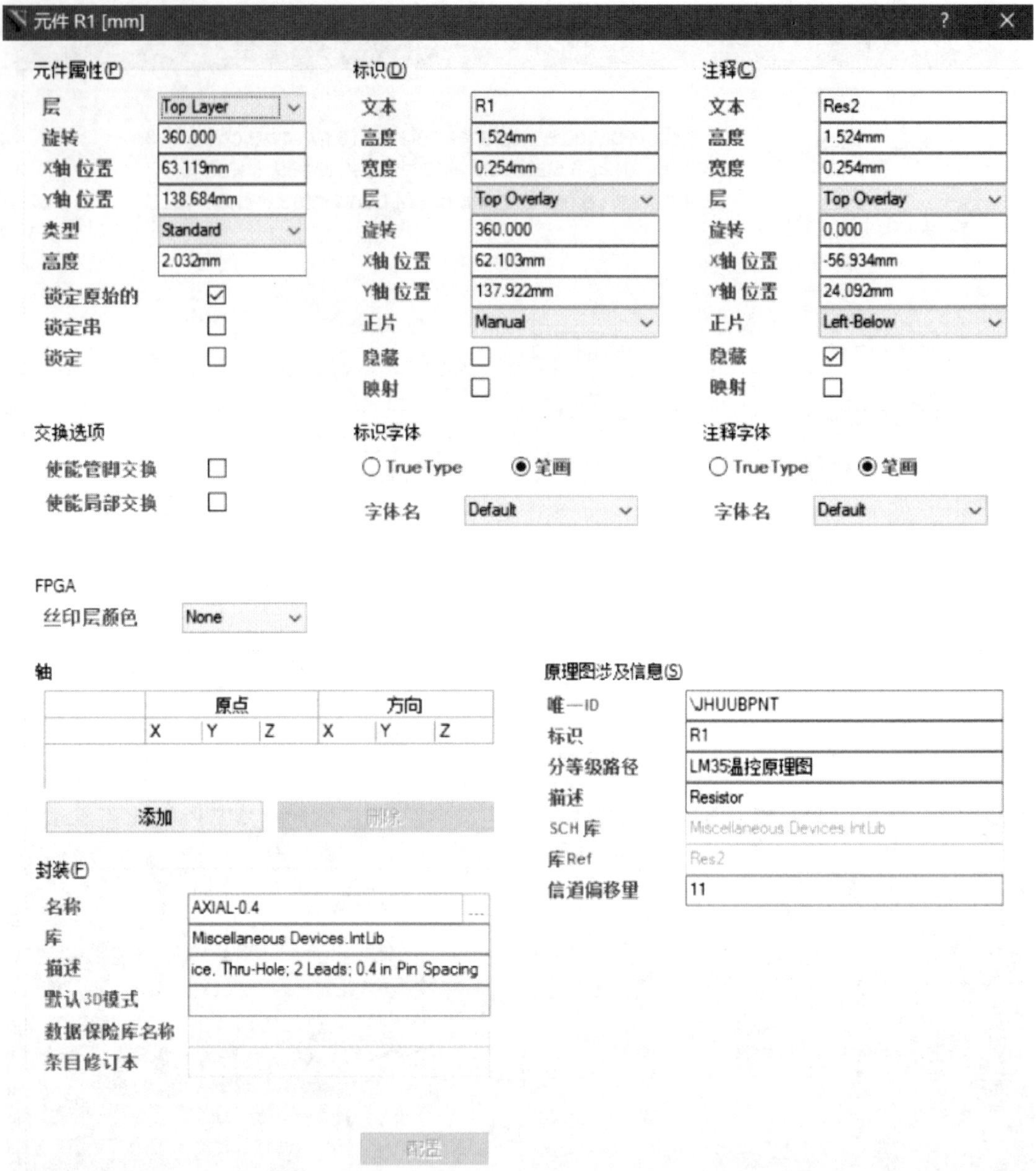

图 3-99 "元器件属性"对话框

以整体移动,方便电路的模块化设计。

案例:要求在图 3-100 所示的 PCB 中放置一个 ROOM 空间。

① 单击菜单栏"设计"→选择"ROOM"→弹出图 3-101 所示对话框。

② 移动鼠标光标到 PCB 合适位置,拖出一个矩形框,单击鼠标左键完成。也可选择放置多边形 ROOM,如图 3-102 所示。

③ 将鼠标光标移动到拖出的 ROOM 空间上,按住鼠标左键不放,移动光标即可移动 ROOM 空间及其元器件。也可按空格键实现 ROOM 空间的旋转。另外在选定的 ROOM 空间上双击鼠标可设置 ROOM 空间的参数,如图 3-103 所示。

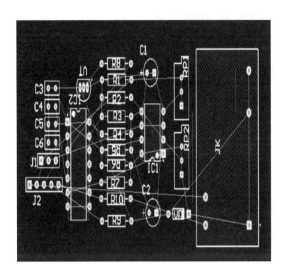

图 3-100　布局完成 PCB 图

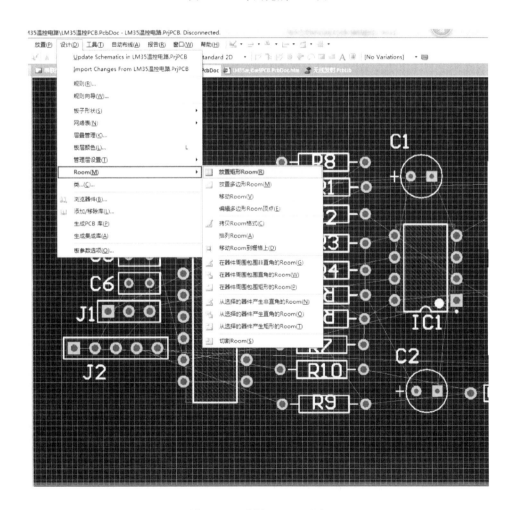

图 3-101　选择 ROOM 空间

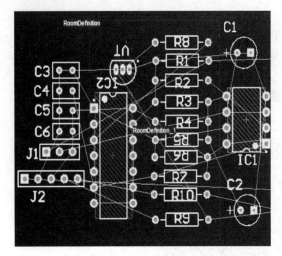

图 3-102　使用 ROOM 空间　　　　图 3-103　设置 ROOM 空间

五、PCB 布线

PCB 布局完成后，就要对其进行布线操作，设置好布线规则后就可以利用 Altium Designer13 进行布线了。PCB 布线分自动布线与手动布线两种方式。

1. 自动布线

自动布线可以根据选择对象的不同分为常用的四类：

① 针对全部对象进行布线：在 PCB 编辑环境中，单击菜单栏"自动布线"选项，选择"全部"命令，弹出如图 3-104 所示对话框，若要设置修改布线规则，单击编辑规则按钮即可。单击"Route ALL"即可完成对 PCB 的全部网络进行布线的要求。

② 针对网络进行布线：有时可根据需要对某一网络进行单独自动布线，比如 VCC/GND 网络。在 PCB 编辑环境中，单击菜单栏"自动布线"选项，选择"网络"命令，鼠标光标变为十字形，移动鼠标到需要布线的网络飞线上，点击即可完成网络布线，如图 3-105 所示。

③ 针对 ROOM 空间的自动布线：对 PCB 中设置了 ROOM 空间布局的元器件进行自动布线。在 PCB 编辑环境中，单击菜单栏"自动布线"选项，选择"ROOM"命令，鼠标光标变为十字形，移动鼠标到设置好需要布线的 ROOM 空间上，点击即可完成网络布线，如图 3-106 所示。

④ 针对个别元器件的自动布线：特殊情况时或需要时，也会对某个元器件相连的网络进行布线。在 PCB 编辑环境中，单击菜单栏"自动布线"选项，选择"元件"命令，鼠标光标变为十字形，移动鼠标到需要布线的元件上，点击即可完成网络布线，如图 3-107 所示。

2. 手动布线

虽然 Altium Designer13 有很强大的自动布线功能，但也有不合理或不如意之处。此时就需要我们进行手工调整布线。手工布线有以下几个方面：

① 首先要对自动布线不满意不合理的导线进行消除，可以直接移动鼠标点中需要消除的导线，再按 Delete 键。也可以点击菜单栏"工具"，选择"取消布线"选项，弹出取消布线子菜单，选取相应命令即可对已布导线进行消除。

图 3-104　"Situs 布线策略"对话框

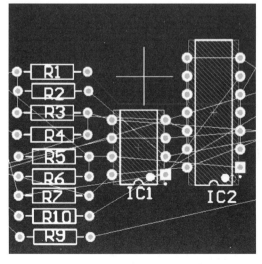

图 3-105　网络布线结果

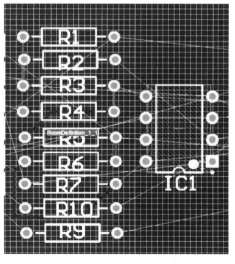

图 3-106　ROOM 空间布线效果

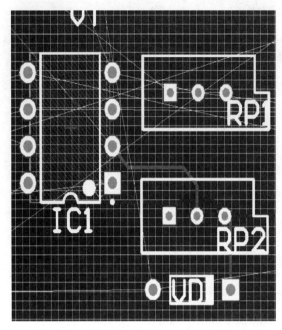

图 3-107　单个元件自动布线效果　　　　图 3-108　"导线"对话框

② 锁定手工布好的导线。对已经布好的导线进行保护，需要将其锁定。在 PCB 编辑环境中，单击菜单栏"编辑"选项，选择"改变/变更"命令。鼠标光标变为十字形，把光标移动到需要保护的导线上，当十字光标中间有圆圈出现时单击，弹出如图 3-108 所示"导线"对话框。勾选"锁定"即可保护该导线。

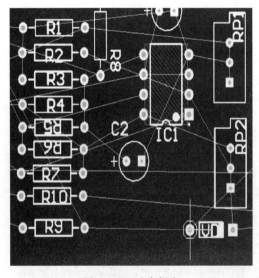

图 3-109　选中焊盘

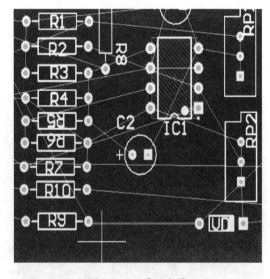

图 3-110　手工布线

③ 手工布线操作。手工布线时要弄清布线层，然后单击菜单栏"放置"选项，"单击交互式布线"鼠标指针变为十字形，移动十字形光标到需要布线元件的焊盘上，光标中心出现小八角形，单击鼠标选中此焊盘，如图 3-109 所示。根据网络线自己选择路径连接至另一焊盘，光标同样变为小八角形，单击鼠标左键再单击鼠标右键完成绘制。此时光标依然为十字

形，可以继续手工布线，如图 3-110 所示。

注意：在手动布线移动过程中当转角时需要单击鼠标左键一下，以便固定走过的路径。

六、放置敷铜

敷铜，顾名思义就是在布完导线的 PCB 上放置一层铜膜。大多数敷铜是与地线相连的，以便增强电路的抗干扰能力，具体步骤如下：

① 单击菜单栏中的"放置"选项，选择"多边形敷铜"，弹出图 3-111 所示"多边形敷铜"对话框。

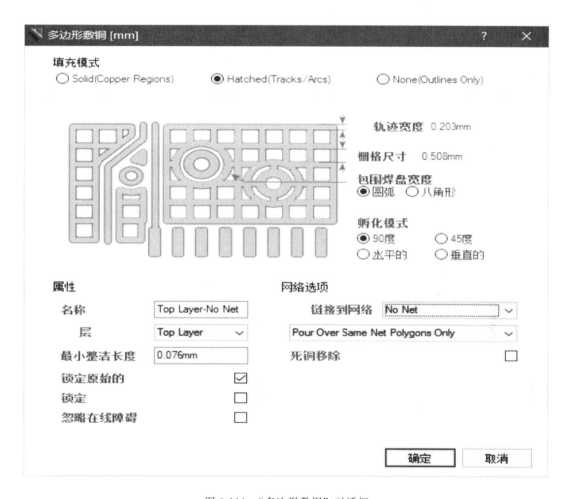

图 3-111　"多边形敷铜"对话框

图 3-111 中填充模式从左向右依次为"实心填充""影化线填充""无填充"三类。同时还有比较重要的"链接到网络"选项等。

② 设置好敷铜对话框以后，点击确定退出对话框。光标变为十字形，根据 PCB 大小及电路要求合理选择敷铜面积。在 PCB 上单击鼠标左键确定敷铜顶点，然后拖出一个矩形或多边形包围需要敷铜的电路，每次转折都需单击鼠标。回到顶点处，点击鼠标左键然后单击鼠标右键完成敷铜的放置，如图 3-112、图 3-113 所示。

③ 此时 PCB 上会出现放置完的敷铜（双面板底层为蓝色，顶层为红色）。

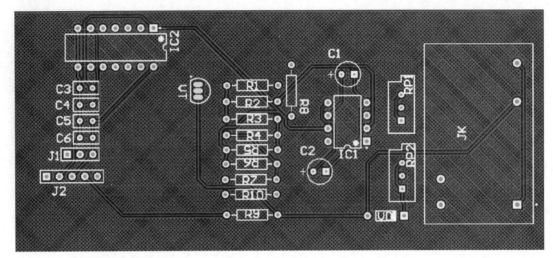

图 3-112　整体敷铜

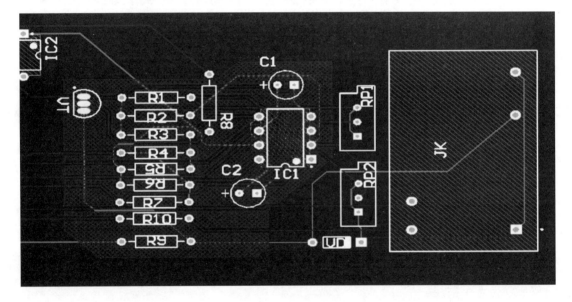

图 3-113　局部敷铜

七、补泪滴

泪滴是焊盘与导线之间的过渡。补泪滴是为了增加焊盘或导线对 PCB 基板的附着能力，尤其是焊盘，避免因焊接过热等导致焊盘容易脱落。

单击菜单栏"工具"选项，选择"泪滴"命令，弹出如图 3-114 所示"泪滴选项"对话框。其中"通用"是设置泪滴应用范围；"泪滴类型"中"Arc"是圆弧类型，还有一种导线类型供选择。补完泪滴的效果如图 3-115 所示。

八、包地

包地就是为了防止电路中某一条导线或某一网络受到干扰而用接地线将其包围起来的

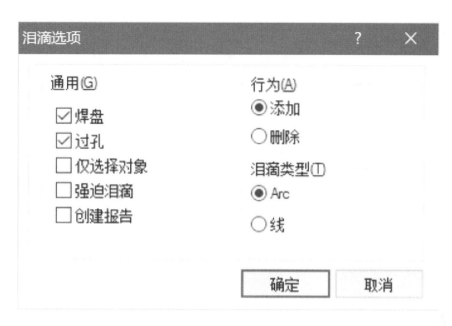

图 3-114　"泪滴选项"对话框

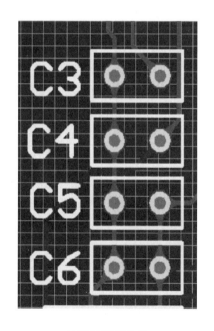

(a) 圆弧形泪滴效果

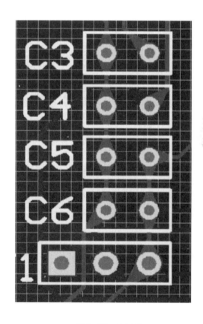

(b) 导线形泪滴效果

图 3-115　补泪滴效果

措施。

　　放置包地的方法为：在菜单栏中单击"编辑"选项，选择"选中"命令，弹出子菜单，选择网络，光标变为十字形，移动光标到所需包地的网络上，单击鼠标左键选中，单击右键完成；再单击菜单栏"工具"选项，选择"描画选择对象的外形"，可看到选中网络加了一个包地网络。添加包地前后的对比如图 3-116、图 3-117 所示。

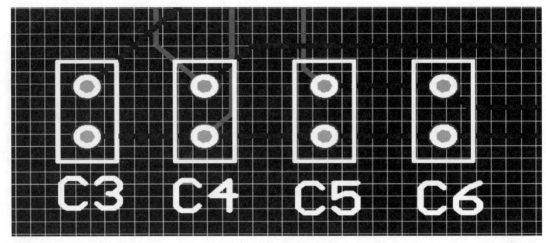

图 3-116　未加包地

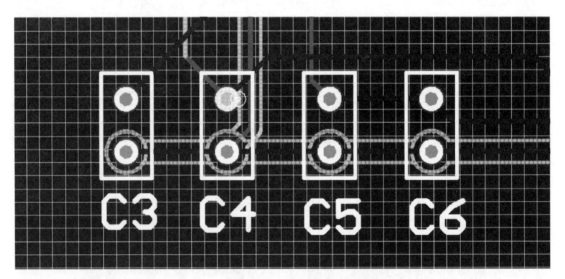

图 3-117　加包地后

拓展训练

汽车灯光控制系统主机板的 PCB 设计。

项目设计要求：根据图 3-118 所示汽车灯光控制主机原理图设计 PCB 板。手工布局，对布线规则进行设置（如线宽、拓扑结构、布线拐角模式等），对 PCB 规则进行设置，完成敷铜、补泪滴相关操作。

提示：汽车灯光控制主机原理图元件属性如图 3-119 所示。

项目设计步骤：

① 步骤 1：用 Altium Designer13 画出原理图，做好电气连接。

② 步骤 2：给原理图中各元件添加元器件封装（个别元器件要自己画封装）。

③ 步骤 3：设置 PCB 环境（PCB 的环境参数，大小、形状等）。

④ 步骤 4：生成网络表并载入元器件。

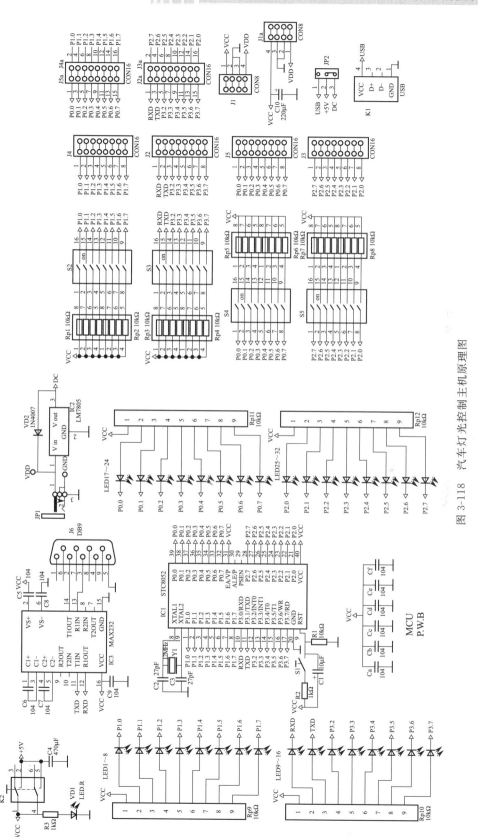

图 3-118 汽车灯光控制主机原理图

Comment	Description	Designator	Footprint	LibRef
Cap Pol1	Polarized Capacitor (Rac	C1, C4, C10	CAPPR2-5x6.8	Cap Pol1
Cap	Capacitor	C2, C3, C5, C8, C9, Ca, C	6-0805_N	Cap
104	Capacitor	C6, C7	6-0805_N	Cap
STC 89C52		IC1	DIP40	STC 89C52
LM7805	Voltage Regulator	IC2	TO-220-AB	Volt Reg
MAX232	+5V RS-232 Transceiver	IC3	PE16	MAX202CPE
Header 4X2A	Header, 4-Pin, Dual row	J1, J1a	HDR2X4_CEN	Header 4X2A
Header 8X2	Header, 8-Pin, Dual row	J2, J3, J4, J5	HDR2X8	Header 8X2
DB9	Receptacle Assembly, 9	J6	DSUB1.385-2H9	D Connector 9
Header 8X2H	Header, 8-Pin, Dual row	J23, J54	HDR2X8H	Header 8X2H
PWR2.5	Low Voltage Power Sup	JP1	KLD-0202	PWR2.5
Header 3H	Header, 3-Pin, Right An	JP2	HDR1X3H	Header 3H
SW-DPDT	Double-Pole, Double-Th	K2	DPDT-6	SW-DPDT
LED2	Typical RED, GREEN, YEL	LED1, LED2, LED3, LED4,	DSO-C2/D5.6	LED2
Res2	Resistor	R1, R2, R3	6-0805_N	Res2
Res Pack3	Isolated Resistor Netwo	RP1, RP2, RP3, RP4	SOIC127P600-16N	Res Pack3
Header 9	Header, 9-Pin	RP9, RP10, RP11, RP12	HDR1X9	Header 9
SW-PB	Switch	S1	PCBComponent_1 - dup	SW-PB
SW DIP-8	DIP Switch, 8 Position, S	S2, S3, S4, S5	DIP-16-KEY	SW DIP-8
Header 4	Header, 4-Pin	USB	PCBComponent_1	Header 4
1N4007	1 Amp General Purpose	VD2	DIO10.46-5.3x2.8	Diode 1N4007
11.0592	Crystal Oscillator	Y1	BCY-W2/D3.1	XTAL

图 3-119　汽车灯光控制主机原理图元件属性

⑤ 步骤 5：手动布局；布局完成后如图 3-120 所示。

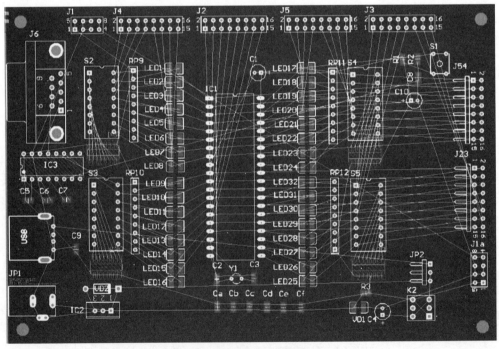

图 3-120　手工布局图

⑥ 步骤 6：PCB 规则设置。

⑦ 步骤 7：自动布线或手动布线，如图 3-121 所示。

⑧ 步骤 8：敷铜、补泪滴；完成后如图 3-122、图 3-123 所示。

PCB 设计知识点：

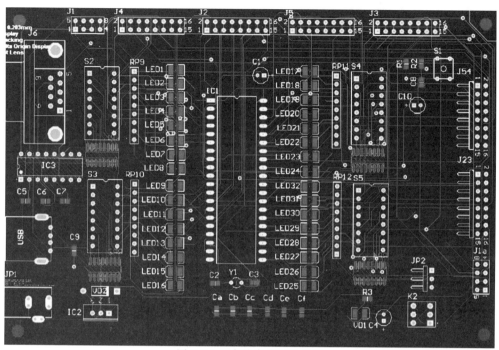

图 3-121　布线完成后效果图

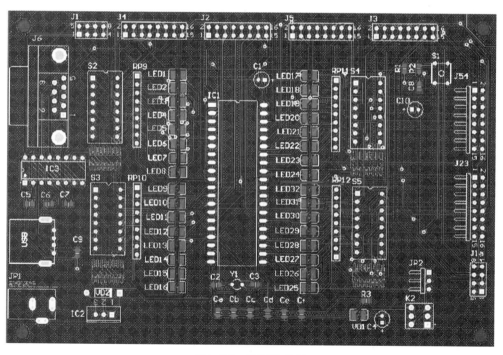

图 3-122　顶层效果图

① 布局：在生成网络表和载入元器件后，如果有焊盘呈绿色，可以修改此类焊盘的大小，同时可改变标号的大小，隐藏标称值。布局时先把特殊元件确定好位置并锁定（比如发热大的元件、高频振荡类元件、主控 CPU 等器件）。然后可以根据原理图布局。对于一个功能模块电路，应先放置中心元件，或大元件，后放小元件。发热量大的元件要预留散热片

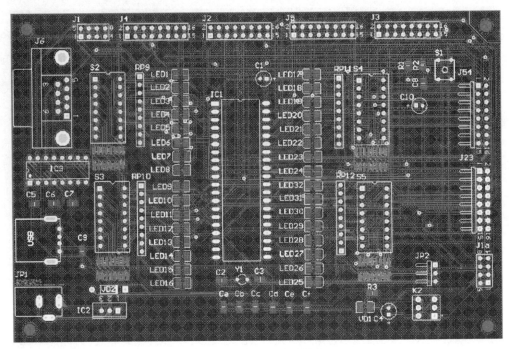

图 3-123　底层效果图

的位置。高频类元件要做好屏蔽处理。元件的位置也可按电源电压、数字、模拟、速度快慢、电流大小等分组放置。

② 布线：先设置好规则里面的内容。VCC、GND 等大功率大电流的导线/网络可以设置得宽点（0.5～2mm），通常情况下 1mm 可以通过 1A 的电流。导线/网络之间若有高电压，可以把线间距设置得大点，先布电源线、地线等一些重要的线，然后再布其他模块/网络的导线。集成电路的焊盘之间一般不走线，通常情况下走线用 45°角。

③ 手工修改线：修改一些线的宽度，转角，补泪滴，敷铜，处理地线。

设计重点：

① PCB 手工布局的注意事项；

② PCB 布线规则的设置，尤其是线宽、安全间距、孔径大小等；

③ 放置敷铜的方法；

④ 如何对焊盘补泪滴。

任务二小结

本章介绍了 PCB 设计中的设计规则，以 LM35 温控电路为例介绍了布局方法、布线方法以及敷铜、补泪滴的操作。通过汽车灯光控制系统主机 PCB 的设计讲解了布局与布线的通用技巧。

实训作业

根据图 3-124 所示汽车灯光控制系统灯光模拟原理图绘制 PCB 图，要求绘制完成后接口与主机 PCB 图接口相对应。

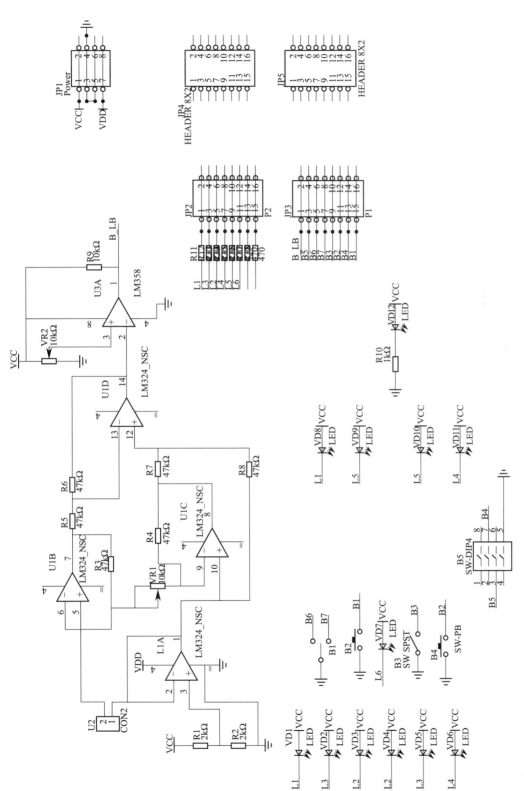

图 3-124 汽车灯光控制灯光模拟原理图

任务三 ▷▷▷

PCB 封装库的封装设计

知识目标

① 了解 PCB 封装库（PCBLib）编辑器设计环境；
② 掌握常用元件的封装；
③ 理解 PCB 库的概念；
④ 掌握编辑元件封装库中已有封装的方法。

技能目标

① 分别运用手工法和向导法编辑制作新元件的封装；
② 在 PCB 编辑器环境下调用自建的元件封装图；
③ 利用元件库封装，复制、粘贴、修改制作新元件封装。

任务概述

在 PCB 上芯片的封装通常表现为一组焊盘、丝印层上的边框及芯片的说明文字。焊盘是封装最重要的组成部分，用于连接芯片的引脚，并通过印制板上的导线连接到印制板上的其他焊盘，进一步连接焊盘所对应的芯片引脚，实现电路功能。在封装中，每个焊盘都有唯一的标号，以区别封装中的其他焊盘。丝印层上的边框和说明文字主要起指示作用，指明焊盘组所对应的芯片，方便焊接。焊盘的形状和排列是封装的关键组成部分，确保焊盘的形状和排列正确才能正确地建立一个封装。

任务描述

采用 PCB 封装库编辑器中的绘图工具手工制作电解电容和按钮的封装图。
PCB 封装库编辑：在自建封装库文件中创建图 3-125、图 3-126 所示的两个元器件封装。

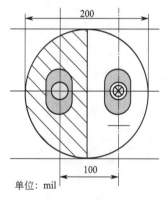

图 3-125　电容器 RB.1/.2 封装

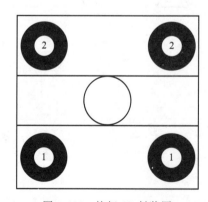

图 3-126　按钮 SB 封装图

说明:

① RB. 1/. 2 封装中轮廓直径为 200mil，焊盘间距为 100mil，焊盘长尺寸为 75mil，短尺寸为 55mil，孔径为 30mil。

② SB 封装焊盘的水平间距为 255mil，焊盘的垂直间距为 175mil，焊盘直径为 80mil，焊盘孔径为 45mil，实际元件中水平两个焊盘元件内部是连通的，外形轮廓长 360mil、宽 270mil。

③ 所有封装外形轮廓线粗为 10mil。

任务分析

启动 Altium Designer13 创建工程文件、添加 PCB 库文件，利用 PCB 封装库编辑器中的绘图工具手工制作元件封装。

知识准备

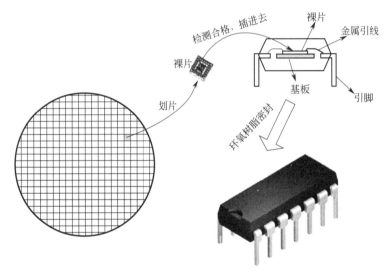

图 3-127　集成电路封装示意图

一、封装基础知识

1. 封装的概念

所谓元件的封装，是指安装半导体集成电路芯片用的外壳，具有实际的电子元件或集成电路的外形尺寸、引脚排列方式、引脚直径、引脚间距等参数，它是使实际元件引脚与印制电路板上的焊盘保持一致的依据。

封装的作用：它不仅起着安放、固定、密封、保护芯片和增强电热性能的作用，而且还是沟通芯片内部世界与外部电路的桥梁——芯片上的接点用导线连接到封装外壳的引脚上，这些引脚又通过印制板上的导线与其他器件建立连接。不同的元件可能有相同的封装，相同的元件可能有不同的封装。所以在设计印制电路板时，不仅要知道元件的名称、型号，还要知道元件的封装。

2. 封装过程

以"双列直插式封装"（Dual In-line Package，DIP）为例，如图 3-127 所示简单示意出其封装的过程。晶圆上划出的裸片（Die），经过测试合格后，将其紧贴安放在起承托固定作用的基底上（基底上还有一层散热良好的材料），再用多根金属线把裸片上的金属接触点（Pad，焊盘）跟外部的引脚通过焊接连接起来，然后埋入树脂，用塑料管壳密封起来，形成芯片整体。

封装主要分为 DIP 双列直插和 SMD 贴片封装两种。

3. 发展进程

结构方面：TO→DIP→PLCC→QFP→BGA→CSP。

材料方面：金属、陶瓷→陶瓷、塑料→塑料。

引脚形状：长引线直插→短引线或无引线贴装→球状凸点。

装配方式：通孔插装→表面组装→直接安装。

按照封装外形，集成电路的封装可以分为直插式封装、贴片式封装、BGA 封装等类型。

二、常用的集成电路封装

1. 直插式封装

直插式封装集成电路是引脚插入印制板中，然后再焊接的一种集成电路封装形式，主要有单列式封装和双列直插式封装。

2. 贴片封装

贴片电阻、贴片电容、贴片二极管、贴片三极管、贴片集成电路。

3. BGA 封装（Ball Grid Array Package）——球栅阵列封装

BGA 技术封装的内存，在体积不变的情况下内存容量提高两到三倍。特点：引脚间距大，组装成品率高；采用 C4 焊接，改善电热性能；厚度少，重量轻，可靠性高。

三、常用元件封装

通用元件封装的编号原则为：元件类型＋焊盘距离＋元件外形尺寸。

1. 发光二极管

① 发光二极管的颜色有红、黄、绿、蓝之分，亮度分普亮、高亮、超亮三个等级。

② 贴片发光二极管常用的封装形式有三类：0805、1206、1210。

③ 直插式发光二极管封装：RB.1/.2，其中“.1”是焊盘间距，“.2”是圆的外径。

2. 二极管

根据二极管所承受电流的限度，封装形式大致分为两类，小电流型（如 1N4148）封装为 1206，大电流型（如 1N4007）暂没有具体封装形式，只能给出具体尺寸：5.5mm×3mm×0.5mm。封装属性为 diode-0.4（小功率）、diode-0.7（大功率）。

3. 电容

电容可分为无极性和有极性两类。无极性电容下述两类封装最为常见，即 0805、0603；而有极性电容也就是我们平时所称的电解电容，一般我们平时用得最多的为铝电解电容，由于其电解质为铝，所以其温度稳定性以及精度都不是很高。

① 贴片元件由于其紧贴电路板，所以要求温度稳定性要高，所以贴片电容以钽电容为多。根据其耐压不同，贴片电容又可分为 A、B、C、D 四个系列，如表 3-7 所示。

表 3-7　贴片电容参数表

类型	封装形式	耐压	类型	封装形式	耐压
A	3216	10V	C	6032	25V
B	3528	16V	D	7343	35V

② 无极性的电容 RAD0.1～RAD0.4：表示长度为 100～400mil。

③ 有极性的电容如电解电容，其封装为 RB.2/.4。

④ RB.2/.4 表示极性电容类元件封装，引脚间距离为 200mil，引脚直径为 400mil。这里 ".2" 和 ".4" 分别表示 200mil 和 400mil。

⑤ 瓷片电容：RAD0.1～RAD0.3。其中 0.1～0.3 指电容大小，一般用 RAD0.1。

4. 集成电路又称 IC

① DIP××：就是双列直插的元件封装，例如 DIP8 就是双排，每排有 4 个引脚，两排间距离是 300mil，焊盘间的距离是 100mil。

② SIP××：就是单排的封装。

5. 电位器

又称 Pot1、Pot2，封装属性为 VR1、VR2、VR3、VR4、VR5。

6. 电阻

① 贴片电阻最为常见的封装有 0805、0603 两类，0805 具体尺寸：2.0mm×1.25mm×0.5mm；1206 具体尺寸：3.0mm×1.50mm×0.5mm。

② 直插式电阻 AXIAL0.4 表示此元件封装为轴状的，两焊盘间的距离为 400mil（约等于 10mm），提示：1mil≈0.0254mm。

四、Altium Designer13 的工作层

① 顶层（Top Layer），用于放置元件及布线；

② 底层（Bottom Layer），用于布线和焊接元件；

③ 机械层（Mechanical），用于绘制物理边界；

④ 丝印层（Top Overlay），用于标注文字；

⑤ 禁止布线层（Keepout Layer）；

⑥ 复合层（Multi-Layer），用于放置焊盘。

五、 PCB 元件封装的编辑与制作

制作 PCB 元器件封装的步骤：

（1）手动制作封装

① 创建一个新的元器件库文件：先创建工程→点击"文件"→"新建"→"工程(J)"→"PCB 工程(B)"；再给工程添加 PCB 库→右击"PCB-Project1.PrjPCB"→"给工程添加新的(N)"→"PCB Library"。

② 设置参考点：点击"Ctrl＋End"，设置坐标原点（0,0）。

③ 绘制封装外形轮廓线。

④ 在绘制元器件的外形前，首先要测量获得元器件的准确外形和尺寸，然后按照这个外形尺寸绘制元器件的外形轮廓。元器件的外形轮廓一般绘制在顶层丝印层，如图 3-128 所示，原点坐标（0,0），半径 100mil，圆放置在丝印层（Top Overlay）。

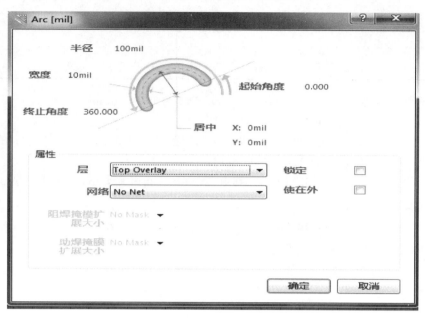

图 3-128　放置圆环对话框

　　⑤ 放置该元器件的引脚焊盘：根据元件引脚间的尺寸，放置各引脚的焊盘，如图 3-129 所示。焊盘孔径 30mil，宽 55mil，长 75mil，标识"1""2"号焊盘分别放置在（－50mil，

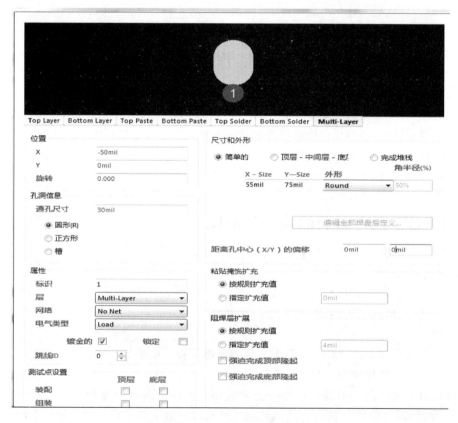

图 3-129　放置焊盘对话框

0mil）、（+50mil,0mil）处。

⑥ 修改元件封装名称：点击"工具"→"元件属性"→名称"CAP"→确定（如图 3-130 所示）。

图 3-130　PCB库元件对话框

⑦ 保存：点击"保存当前文件"按钮 ▦ →保存 CAP 封装文件（如图 3-131 所示）。用类似的方法制作按钮 SB 封装，如图 3-132 所示。

图 3-131　电解电容封装

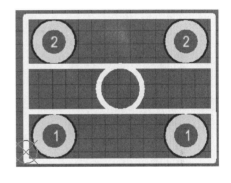

图 3-132　按钮 SB 封装

（2）向导法制作元件封装

① 启动封装向导。

② 选择元件封装外形及尺寸单位。

③ 确定元件引脚焊盘尺寸。

④ 设置引脚水平间距和垂直间距（焊盘中心距）。

⑤ 设置元件外轮廓线宽度。

⑥ 输入元件引脚数目。

⑦ 输入元件封装名称。

⑧ 最后确定。

⑨ 旋转。

⑩ 修改引脚焊盘属性。

⑪ 设置参考点。

⑫ 修改外轮廓线。

⑬ 保存。

任务实施

利用向导工具制作七段数码管封装。七段数码管的封装图如图 3-133 所示。其中七段数码管焊盘外径尺寸为 100mil × 60mil，焊盘孔径为 35mil。

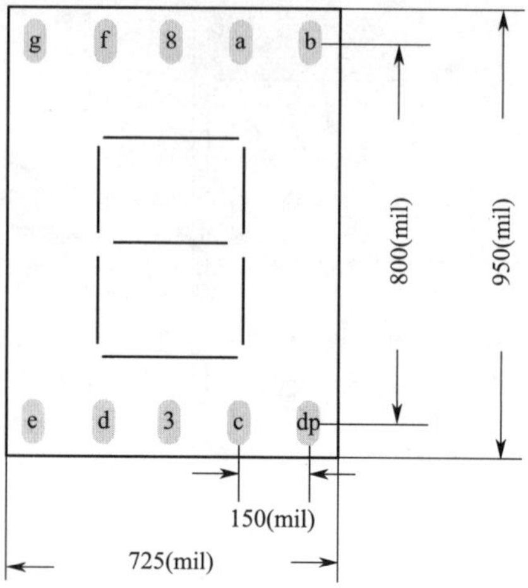

图 3-133   七段数码管的封装图

实施过程：

（1）任务分析

七段数码管类似 DIP（双列直插式）封装形式，通过向导法借用 DIP10 的封装来制作。

（2）实施步骤

步骤 1   新建工程文件：如图 1-17 所示。文件名为"数码管封装.PrjPcb"。

步骤 2   新建 PCB 库文件：工程文件→添加 Pcb Library 文件→保存为"数码管封装.PcbLib"。

步骤 3   新建元件：点击"工具"→"元件向导"→进入对话框，如图 3-134 所示。

图 3-134   元件封装向导

步骤 4   选择元件模型：点击"下一步"→"选择元件模型"对话框（如图 3-135 所示）→这里选择"DIP"（双列直插式），单位选择"Imperial（mil）"或"Metric（mm）"均可，单位的换算公式为 100mil＝2.54mm，这里选择英制"Imperial（mil）"。

步骤 5   设置焊盘直径：点击"下一步"→进入"指定焊盘尺寸"对话框（如图 3-136

所示)→标准 DIP 封装焊盘直径为 60mil，孔的直径为 35mil。

图 3-135　"选择元件模型"对话框

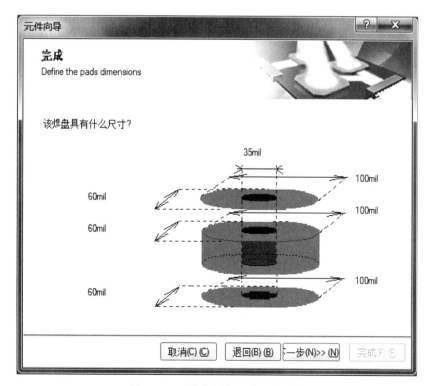

图 3-136　"指定焊盘尺寸"对话框

步骤 6 设置焊盘间距：点击"下一步"→进入"设定焊盘间距值"对话框（如图 3-137 所示），同一列焊盘间距为 150mil，两列焊盘之间的距离设置为 800mil。

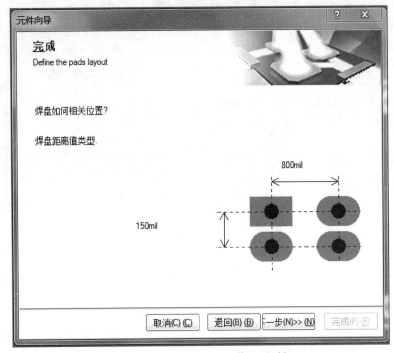

图 3-137 "设定焊盘间距值"对话框

步骤 7 设置元件轮廓：点击"下一步"→进入"设定元件轮廓属性"对话框（如图 3-138 所示），元件轮廓线宽值为 5～10mil，这里采用默认为 10mil。

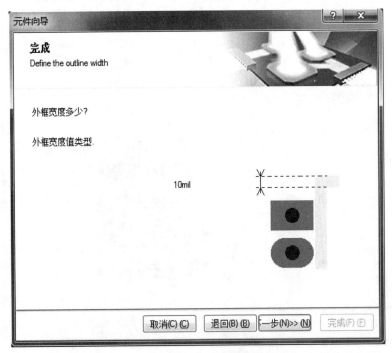

图 3-138 "设定元件轮廓属性"对话框

步骤 8 设置元件焊盘数目：点击"下一步"→进入"设置元件焊盘数"对话框（如图 3-139 所示），数码管引数目设置为"10"。

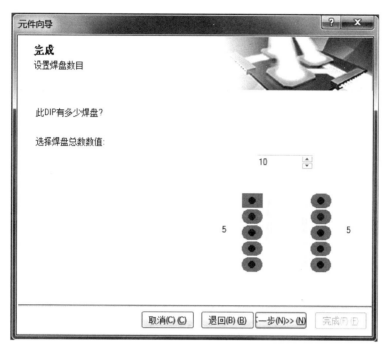

图 3-139 "设置元件焊盘数"对话框

步骤 9 设定元件库名称：点击"下一步"→进入"设定元件名称"对话框（如图 3-140 所示），名称设定为"LED10"。

图 3-140 "设定元件名称"对话框

步骤 10 确认完成：点击"下一步"→进入"确认完成"对话框（如图 3-141 所示），点击"完成"按钮完成封装向导操作。设置好的封装如图 3-142 所示。

图 3-141 "确认完成"对话框

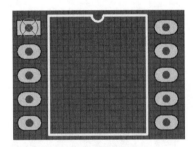

图 3-142 DIP10 封装

图 3-143 "旋转角度"对话框

步骤 11 元件封装整体旋转 90°：选择元件图形→Ctrl＋A→点击"编辑"→"移动"→"旋转选择"→进入"旋转角度"对话框（如图 3-143 所示）→输入"90"度值→点击"确定"→光标变成"十字形"→点击"封装图形"→PCB 元件库图形旋转 90°（如图 3-144 所示）。

步骤 12 修改引脚焊盘名称：双击 8 号焊盘→进入"焊盘属性"对话框（如图 3-145 所示）→在"标识"处输入焊盘名称→"com"→点击"回车"；依次修改引脚焊盘名称，"a→7""b→6""c→4""d→2""e→1""f→9""g→10""dp→5""com→3""com→8"如图 3-133、图 3-146 所示。

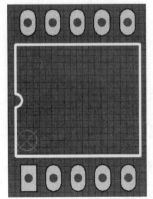

图 3-144 PCB 元件库
图形旋转 90°

步骤 13 修改封装外形轮廓线：使用直线和圆弧工具重新绘制轮廓线，修改后的 PCB 元件库如图 3-147 所示。

步骤 14 保存 PCB 元件库：点击"保存"按钮 →保存文件。

| Top Layer | Bottom Layer | Top Paste | Bottom Paste | Top Solder | Bottom Solder | **Multi-Layer** |

位置

X	205mil
Y	455mil
旋转	90.000

孔洞信息

通孔尺寸　　35mil

- ● 圆形(R)
- ○ 正方形
- ○ 槽

属性

标识	com
层	Multi-Layer
网络	No Net
电气类型	Load

　　　　镀金的 ☑　　　锁定 ☐

跳线ID　　0

测试点设置

	顶层	底层
装配	☐	☐
组装	☐	☐

尺寸和外形

- ● 简单的　　○ 顶层 - 中间层 - 底层　　○ 完成堆栈

角半径(%)

| X – Size | Y—Size | 外形 |
| 100mil | 60mil | Round ▾ | 50% |

编辑全部焊盘层定义...

距离孔中心（X/Y）的偏移　　Cmil　　Omil

粘贴掩饰扩充

- ● 按规则扩充值
- ○ 指定扩充值　　Omil

阻焊层扩展

- ● 按规则扩充值
- ○ 指定扩充值　　4mil

- ☐ 强迫完成顶部隆起
- ☐ 强迫完成底部隆起

图 3-145 "焊盘属性"对话框

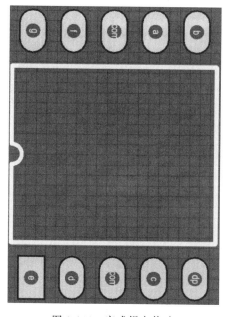

图 3-146 完成焊盘修改

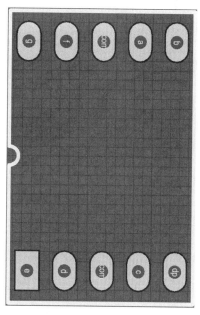

图 3-147 轮廓线修改后的效果

拓展训练

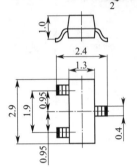

SOT-23
1—基极；
2—发射极；
3—集电极；

8050 三极管（SOT-23 封装）引脚图
图 3-148 三极管贴片元件封装

绘制贴片三极管的元件封装，如图 3-148 所示。

根据三极管贴片元件封装图，采用 Altium Designer13 软件绘图功能，手工绘制三极管贴片元件封装。

8050 三极管是非常常见的 NPN 型晶体三极管，在各种放大电路中经常看到它，应用范围很广，主要用于高频放大，也可用作开关电路。

设计步骤如下：

步骤 1　创建工程文件："三极管贴片元件封装.PriPcb"。

步骤 2　创建原理图文件："三极管贴片元件封装.SchDoc"。

步骤 3　设置坐标原点：同时点击"Ctrl＋End"［或点击菜单"编辑"→"跳转（J）"→"参考（R)Ctrl＋End"］→设置编辑区光标回到坐标原点。

步骤 4　放置焊盘：点击"放置焊盘"按钮◎→焊盘长 0.55mm，宽 0.4mm，在 Top Layer 层，坐标原点处放置 2 号焊盘，如图 3-149 所示。1、2、3 号焊盘大小相同，坐标分别为 1→（0，1.9）、2→（0，0）、3→（1.85，0.95），孔径 0mm，外形选择 Rectangular，标识分别为"1""2""3"，如图3-150、图 3-151 所示。放置

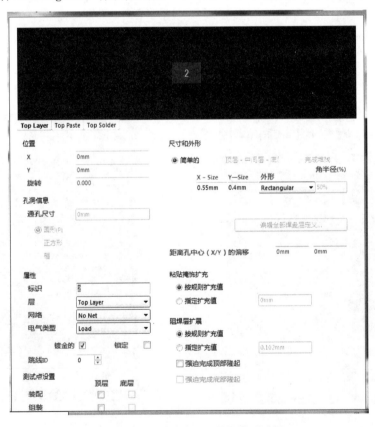

图 3-149　坐标原点、2 号焊盘对话框

好的焊盘布置图如图 3-152 所示。

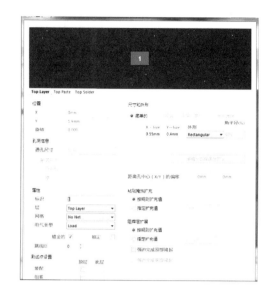

图 3-150 1 号焊盘对话框

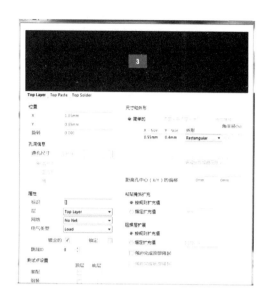

图 3-151 3 号焊盘对话框

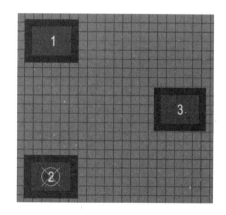

图 3-152 贴片三极管焊盘布置图

步骤 5 放置外形轮廓：在"Top Overlay"层放置外形轮廓，四条线坐标分别为 [(0.275，−0.5)、(0.275，2.4)]、[(1.475，−0.5)、(1.475，2.4)]、[(0.375，−0.5)，(1.475，−0.5)]、[(0.375，2.4)、(1.475，2.4)]，计算坐标时考虑焊盘轮廓线宽 0.1mm。走线对话框如图 3-153～图 3-156 所示。

步骤 6 确定封装属性：点击→"工具"→进入"元件属性"对话框（如图 3-157 所示）→名称"贴片三极管封装"→"确定"。

步骤 7 保存封装：点击保存按钮 💾→保存"贴片三极管封装"，如图 3-158 所示。

项目设计要点及重点：绘制三极管贴片元件封装主要训练手工绘制元件封装、放置坐标原点，根据元件封装尺寸计算焊盘孔径、外形和尺寸、标号，根据坐标原点计算确定每个引脚的位置坐标、计算确定元件轮廓走线坐标。难点：计算元件轮廓线时需要用焊盘轮廓线宽修正坐标值。

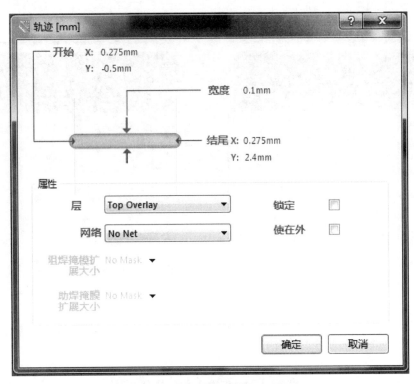

图 3-153 "轮廓左竖线"对话框

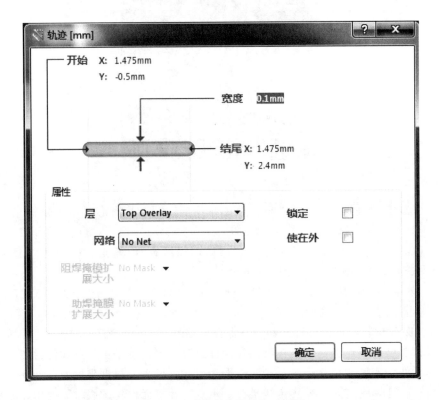

图 3-154 "轮廓右竖线"对话框

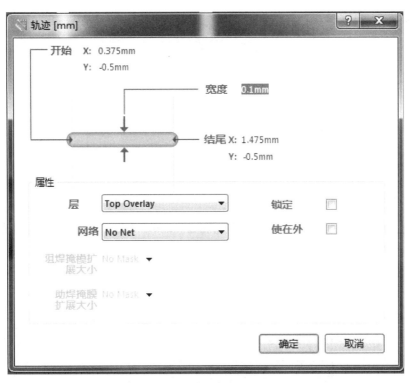

图 3-155　"轮廓下横线"对话框

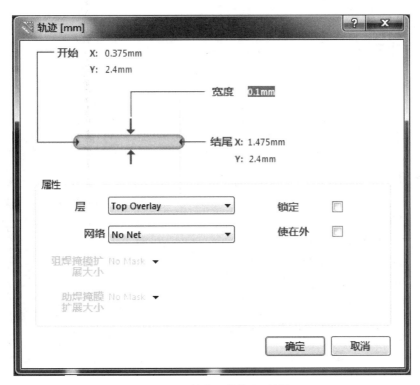

图 3-156　"轮廓上横线"对话框

图 3-157　贴片三极管"元件属性"对话框

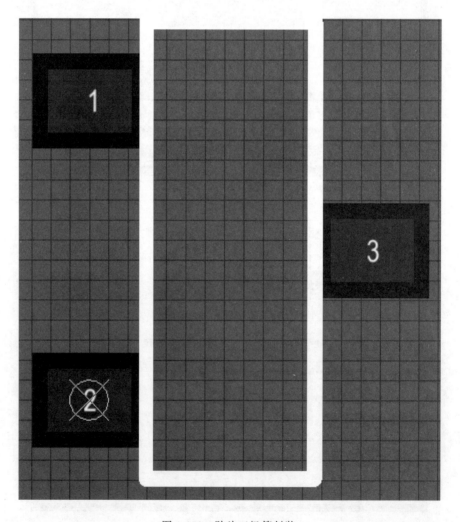

图 3-158　贴片三极管封装

任务三小结

创建元件封装之前的准备工作：获取元件外形、引脚形状及尺寸、引脚间距等信息。

方法：① 查阅元件使用手册。

② 使用游标卡尺、螺旋测微器等高精度测量工具精确测量。

注意：公英制之间的转换。提示：$1mil \approx 0.0254mm$。

创建元件封装的方法有手工法和向导法编辑制作新元件的封装。

元件封装的编号：元件类型＋焊盘距离（焊盘数）＋元件外形尺寸。

实训作业

采用 PCB 封装库编辑器中的绘图工具手工制作继电器的元件封装图，继电器焊盘外径尺寸为 $80mil \times 80mil$，焊盘孔径为 $40mil$。参数要求如图 3-159 所示。

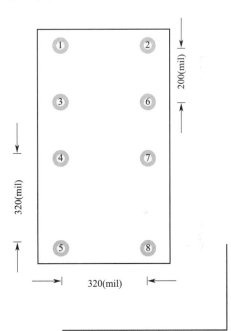

图 3-159　参数要求

项目四
电子工艺卡与EDA

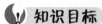 **知识目标**

① 装配工艺卡的编制方法；
② 掌握简易单面板/双面板的手工抄板方法；
③ 掌握实训室手工制作单面敷铜电路板的方法。

技能目标

① 掌握装配工艺卡的编制方法；
② 掌握纯手工对简易单面板/双面板抄板的能力；
③ 能够独立根据原理图制作出简易的单面印刷电路板。

项目概述

电子产品的电气连接，是通过对元器件、零部件的装配与焊接来实现的。产品的装配过程是否合理，焊接质量是否可靠，对整机性能指标的影响是很大的。装配工艺卡描述了一个产品的装配顺序、工艺标准、工时等。

抄板也叫改板，就是对设计出来的PCB板进行反向技术研究，学习电路设计过程中的特点。PCB抄板是PCB设计的逆向工程，是学习电路设计的一条捷径，是仿制电子产品的常用方法。

在实际生产中，要把我们的设计变为真实的产品。也就是把我们设计的PCB文件交由PCB制板厂加工（或者由我们通过简易仪器与手工配合加工）出电路板，这就要求我们来学习如何输出制板厂所需的加工文件以及实验室手工制板的方法。

任务一 ▷▷▷
装配工艺卡编制

知识目标

① 装配工艺卡的作用；

② THT 和 SMT 元器件的装配焊接工艺；

③ 装配工艺卡的编制方法；

④ 元器件的插装顺序。

技能目标

① 掌握装配工艺卡的编制方法；

② 熟练掌握元器件的插装顺序。

任务概述

电子产品的电气连接，是通过对元器件、零部件的装配与焊接来实现的。安装与连接是按照设计要求制造电子产品的主要生产环节。应该说，在传统的电子产品制造过程中，安装与连接技术并不复杂，往往不受重视，但以 SMT 为代表的新一代安装技术，主要特征表现在装配焊接环节，由它引发的材料、设备、方法的改变，使电子产品的制造工艺发生了根本性改变。

产品的装配过程是否合理，焊接质量是否可靠，对整机性能指标的影响是很大的。所以，掌握正确的安装工艺与连接技术，对于电子产品的设计和研制、使用和维修都具有重要的意义。

任务描述

根据装配工艺卡片指定的 DDS 波形发生器电路元器件，完成装配工艺卡片的编制。

任务分析

首先了解装配工艺卡的编制方法，以及元器件的插装顺序，然后完成装配工艺卡的编制。

知识准备

装配工艺卡主要用来描述一个产品的装配顺序、工艺标准、工时等。工艺卡的内容及形式：描述整机的工序安排，就是以设计文件为依据，按照工艺文件的工艺规程和具体要求，把各种零件安装在指定位置上，构成具有一定功能的完整的产品。工艺流程图如图 4-1 所示。

工艺卡一般为表格形式，图文并茂，文字简介，方便工人使用。工艺卡可以提高生产效率，还能规范生产。

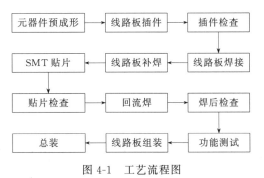

图 4-1 工艺流程图

一、THT 元器件在印制电路板上的安装

传统元器件在印制板上的固定，可以分为卧式安装与立式安装两种。

在电子产品开始装配、焊接之前除了要事先做好对于全部器件的筛选以外，还要进行两项准备工作：一是检查元器件引线的可焊性，若可焊性不好必须进行镀锡处理；二是要根据元器件在印制板上的安装形式，对元器件的引线进行整形，使之符合在印制板上的安装孔位。如果没有完成这两项准备工作就匆忙开始装焊，很可能造成虚焊或安装错误，带来得不偿失的麻烦。

（1）元器件的弯曲成形

为了使元器件在印制板上的装配排列整齐并便于焊接，在安装前通常采用手工或专用机械把元器件引线弯曲成一定的形状。为了避免元器件的损坏，元器件整形时应注意以下几点：

① 引线弯曲时的最小半径不得小于引线直径的 2 倍，不能"打死弯"。

② 引线弯曲处距离元器件本体至少在 2mm 以上，绝对不能从引线的根部开始打弯。对于那些容易崩裂的玻璃封装的元器件，引线成形时尤其要注意这一点。

③ 剪切成形的元器件必须注意外观一定要美观，不要有毛刺。如图 4-2 所示为 THT 元器件的印制电路板。

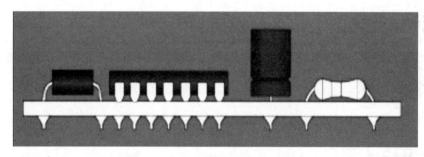

图 4-2　THT 元器件的印制电路板

（2）元器件的插装

元器件安装到印制板上，无论是卧式安装还是立式安装，这两种方式都应该使元器件的引线尽可能短一些。在单面印制板上卧式装配时，小功率元器件总是平行地紧贴板面；在双面板上，元器件则可以离开板面 1～2mm，避免因元器件发热而减轻铜箔对基板的附着力，并防止元器件的裸露部分同印制导线短路。安装元器件时应注意以下原则：

① 装配时，应该先安装那些需要机械固定的元器件，如功率器件的散热器、支架、卡子等等，然后再安装靠焊接固定的元器件。否则，就会在机械紧固时，使印制板受力变形而损坏其他元器件。

② 各种元器件的安装，应该使它们的标记（用色码或字符标注的数值、精度等）朝左和朝下，并注意标记读数方向应一致（从左到右）。卧式安装的元器件，尽量使两端的引线的长度相等对称，元器件放在两孔中央，排列要整齐。有极性的元件要保证方向正确。

③ 元器件在印制板上立式安装时，单位面积上容纳的元器件较多，适合于机壳内的空间较小、元器件紧凑密集的产品。但立式装配的机械性能较差，抗震能力弱，如果元器件倾斜，就有可能接触临近元器件而造成短路。为了使引线相互隔离，往往采用加绝缘管的方法。在同一个电子产品中，元器件各条引线所加的绝缘管的颜色应该一致，便于区别不同的

电极。

二、焊接基础

（1）手工焊接技术

使用手工电烙铁进行焊接，掌握起来并不困难，但是要有一定的技术要领。长期从事电子产品生产的人们总结出了焊接的四个要素：材料、工具、方式、方法。

（2）焊接操作的正确姿势

掌握正确的操作姿势，可以保证操作者的身心健康，减轻劳动伤害，为减少焊接加热时挥发出的化学物质对人的危害，减少有害气体的吸入量，一般情况下，烙铁到鼻子的距离应不小于20cm，通常以30cm为宜。

电烙铁有三种握法，如图4-3所示。

（3）焊接操作的五步施焊法

① 准备施焊：左手拿焊丝，右手握烙铁，进入备焊状态。要求烙铁头保持干净，无焊渣等氧化物，并在表面镀有一层焊锡，如图 4-4（a）所示。

(a) 反握法　(b) 正握法　(c) 握笔法

图4-3　电烙铁的握法

② 加热焊件：烙铁头靠在两焊件的连接处，加热整个焊件全体，时间为1~2s。对于在印制板上的焊接件来说，要注意使烙铁同时接触焊盘的元器件的引线，如图4-4（b）所示。

③ 送入焊丝：焊接的焊接面被加热到一定温度时，焊锡丝从烙铁对面接触焊件，如图4-4(c)所示。

④ 移开焊丝：当焊锡丝熔化一定量后，立即向左上45°方向移开焊丝，如图4-4(d)所示。

⑤ 移开烙铁：焊锡浸润焊盘的焊部位以后，向右上45°方向移开烙铁，结束焊接。从第三步开始到第五步结束，时间为1~3s，如图4-4(e)所示。

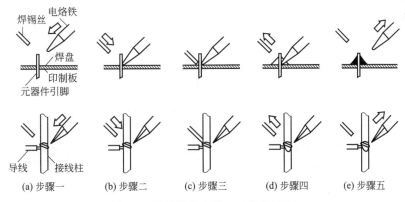

(a) 步骤一　(b) 步骤二　(c) 步骤三　(d) 步骤四　(e) 步骤五

图4-4　焊接操作步骤（五步施焊法）

（4）焊接温度与加热时间

适当的温度对形成良好的焊点是必不可少的。经过试验得出，烙铁头在焊件上停留的时间与焊件温度的升高是正比关系。同样的烙铁，加热不同热容量的焊件时，想达到同样的焊接温度，可以通过控制加热时间来实现。但在实践中又不能仅仅依此关系决定加热时间。例如，用小功率烙铁加热较大的焊件时，无论烙铁停留的时间有多长，焊件的温度也上不去，原因是烙铁的供热容量小于焊件和烙铁在空气中散失的热量。此外，为防止内部过热损坏，有些元器件也不允许长期加热，过量的加热，除有可能造成元器件损坏以外，还有如下危害和外部特征：

① 焊点外观差。如果焊锡已经浸润焊件以后还继续进行过量的加热，将使助焊剂全部挥发完，造成熔态焊锡过热；当烙铁离开时容易拉锡尖，同时焊点表面发白，出现粗糙颗粒，失去光泽。

② 高温造成所加松香焊剂的分解炭化。松香一般在 210℃ 开始分解，不仅失去助焊剂的作用，而且造成焊点夹渣而形成缺陷。如果在焊接中发现松香发黑，肯定是加热时间过长所致。

③ 过量的受热会损坏印制板上铜箔的黏合层，导致铜箔焊盘的剥落。因此，在适当的加热时间里，准确掌握加热火候是优质焊接的关键。

（5）焊接操作的具体手法

① 保持烙铁头的清洁。

② 靠增加接触面积快传热。

③ 加热要靠焊锡桥。

④ 烙铁撤离有讲究。

⑤ 焊锡用量要适中。

三、SMT（贴片）装配焊接技术

1. SMT（贴片）元器件的特点

表面安装元器件也称作贴片式元器件或片状元器件，它有两个显著的特点：

① 在 SMT 元器件的电极上，有些焊端完全没有引线，有些只有非常短小的引线；相邻电极之间的距离比传统的双列直插式集成电路的引线间距（2.54mm）小很多，目前引脚中心间距最小的已经达到 0.3mm。在集成度相同的情况下，SMT 元器件的体积比传统的元器件小很多；或者说，与同样体积的传统电路芯片比较，SMT 元器件的集成度提高了很多倍，如图 4-5 所示。

图 4-5　SMT（贴片）元器件

② SMT 元器件直接贴装在印制电路板的表面，将电极焊接在与元器件同一面的焊盘上。这样，印制板上的通孔只起到电路连通导线的作用，孔的直径仅由制作印制电路板时金属化孔的工艺水平决定，通孔的周围没有焊盘，使印制电路板的布线密度大大提高，如图 4-6 所示。

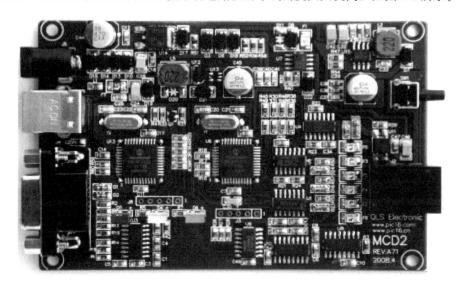

图 4-6　SMT（贴片）装配焊接

2. SMT 电路板安装方案

采用 SMT 的安装方法和工艺过程完全不同于通孔插装式元器件的安装方法和工艺过程。目前，在应用 SMT 技术的电子产品中，有一些是全部都采用了 SMT 元器件的电路，但还可见到所谓的"混装工艺"，即在同一块印制电路板上，既有插装的传统 THT 元器件，又有表面安装的 SMT 元器件。

3. 三种 SMT 安装结构及装配焊接工艺流程

① 第一种装配结构：全部采用表面安装。

印制板上没有通孔插装元器件，各种 SMD 和 SMC 被贴装在电路板的一面或两侧，如图 4-7（a）所示。

② 第二种装配结构：双面混合安装。

如图 4-7（b）所示，在印制电路板的 A 面（也称"元件面"）上，既有通孔插装元器件，又有各种 SMT 元器件；在印制板的 B 面（也称"焊接面"）上，只装配体积较小的 SMD 晶体管和 SMC 元件。

③ 第三种装配结构：两面分别安装。

在印制板的 A 面上只安装通孔插装元器件，而小型的 SMT 元器件贴装在印制板的 B 面上，如图 4-7（c）所示。

4. SMT（贴片）元器件手工焊接工艺

SMT 元器件引脚间距小，焊接时应使用尖锥式（或圆锥式）头的恒温电烙铁。如使用普通电烙铁，电烙铁的金属外壳应"保护接

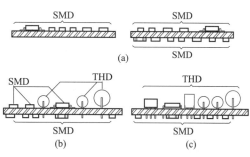

图 4-7　SMT 安装结构

地"，以防感应电压损坏元器件。

（1）两端和三端元器件的焊接（电阻器、电容器、二极管、三极管等）

焊接方法一：焊接步骤如图 4-8 所示。基本操作如下：

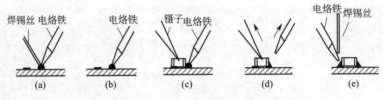

图 4-8　SMT（贴片）元器件手工焊接步骤

① 在一个焊盘上镀适量的焊锡。

② 将电烙铁顶压在镀锡的焊盘上，使焊锡保持熔融的状态。

③ 用镊子夹着元器件推到焊盘上后，电烙铁离开焊盘。

④ 待焊锡凝固后，松开镊子。

⑤ 再用五步施焊法焊接其余焊端。

焊接方法二：

① 在需要焊接的焊盘上镀敷助焊剂。

② 在安装元器件的基板中心点一滴不干胶。

③ 用镊子将元器件压放到不干胶上，并使元器件焊端或引脚与焊盘严格对准。

④ 用五步施焊法焊接各个焊端。

（2）QFP 封装集成电路的焊接

① 在安放集成电路的中心基板上点一滴不干胶。

② 将集成电路压放到不干胶上，并使每个引脚与焊盘严格对准。

③ 用少量焊锡焊接芯片角上的一个引脚，检查芯片有无移位，如有移位应及时修正。

④ 再用少量焊锡焊接芯片其余三个引脚。

四、元器件插装原则

电子元器件插装的原则如下：

① 插装的顺序：先低后高，先小后大，先轻后重。

② 元器件的标识：电子元器件的标记和色码部位应朝上，以便于辨认；横向插件的数值读法应从左至右，而竖向插件的数值读法则应从下至上。

③ 元器件的间距：在印制板上元器件之间的距离不能小于 1mm；引线间距要大于 2mm（必要时，引线要套上绝缘套管）。一般元器件应紧密安装，使元器件贴在印制板上，紧贴的容限在 0.5mm 左右。

符合以下情况的元器件不宜紧密贴装，而需浮装：

a. 轴向引线需要垂直插装的：一般元器件距印制板 3～7mm。

b. 发热量大的元器件（大功率电阻、大功率管等）。

c. 受热后性能易变坏的器件（如集成块等）。

④ 大型元器件的插装方法：形状较大、重量较重的元器件如变压器、大电解电容、磁棒等，在插装时一定要用金属固定件或塑料固定架加以固定。采用金属固定件固定时，应在元件与固定件间加垫聚氯乙烯或黄蜡绸，最好用塑料套管防止损坏元器件和增加绝缘，金属

固定件与印制板之间要用螺钉连接，并需加弹簧垫圈以防因振动使螺母松脱。采用塑料支架固定元件时，先将塑料固定支架插装到印制板上，再从板的反面对其加热，使支架熔化而固定在印制板上，最后再装上元器件。

任务实施

根据SMT（贴片）装配焊接技术要求完成表4-1所示装配工艺卡片的编制。

① 请把表4-1中的"序号（位号）"列出的各元器件，在"以上各元器件插装顺序是："一栏中编制插装顺序（可归类处理）。

② 根据表4-1中的"图样"，在"工艺要求"一列其中的空格里填写工艺要求。

表4-1　装配工艺过程卡片（1）

描述	装配器件			工序名称		产品图号
				插件		PCB-20120628
	序号（位号）	装入件及辅助材料 代号、名称、规格		数量	工艺要求	工装名称
		代号、名称	规格			
	R1	0805 贴片电阻器	10kΩ±5%	1	按图1（a）安装，注意不要倾斜	镊子、剪刀、电烙铁等常用装接工具
	R2、R3	0805 贴片电阻器	1kΩ±5%	2		
	C2、C3	0805 贴片电容器	27pF	2		
	C4	电解电容器	470μF/25V	1		
	Y1	晶振	12.000MHz	1	贴底板安装、焊接	
	J1	双排弯插插头	CON8	1	贴底板安装、焊接	
	J6	程序下载连接器	DB9	1	贴底板安装、焊接	
	IC2	三端稳压器	LM7805	1		
	IC3	贴片集成块	MAX232	1	贴底板安装、焊接	

以上各元器件插装顺序是：

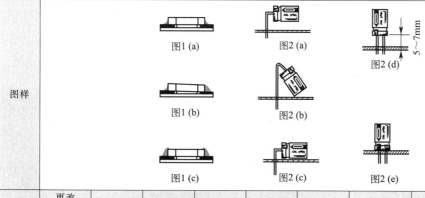

图1（a）　图1（b）　图1（c）
图2（a）　图2（b）　图2（c）
图2（d）　图2（e）
5～7mm

旧底图总号	更改标记	数量	更改单号	签名	日期		签名	日期	第　页
						拟制			
						审核			共　页
底图总号						标准化			第　册
									第　页

注：1. R1、R2、R3、C2、C3工艺要求：按图1（a）安装，注意不要倾斜。

2. C4工艺要求：按图2（c）安装，注意极性正确，参数准确。

3. Y1、J1、J6、IC3工艺要求：贴底板安装、焊接。

4. IC2工艺要求：先将引角折弯90°贴片安装后用螺钉及螺母固定在电路板上，再进行焊接。

5. 根据元器件的插装原则各元件的插装顺序为：R1—R2—R3—C2—C3—IC3—Y1—IC2—J1—J6—C4。

拓展训练

根据装配工艺要求，请同学们独立完成表 4-2 所示装配工艺卡片的编制。

项目设计步骤及要求：

① 请把表 4-2 中的"序号（位号）"列出的各元器件，在"以上各元器件插装顺序是："一栏中编制插装顺序（可归类处理）。

② 根据表 4-2 中的"图样"，在"工艺要求"一列其中的空格中填写工艺要求。

表 4-2　装配工艺过程卡片（2）

装配器件			工序名称		产品图号
			插件		PCB-20120331
序号（位号）	装入件及辅助材料代号、名称、规格		数量	工艺要求	工装名称
	代号、名称	规格			
R1～R8	0805 贴片电阻	100Ω±5%	8	按图 1(a) 安装，注意不要倾斜	镊子、剪刀、电烙铁等常用装接工具
R9～R14	0805 贴片电阻	4.7kΩ±5%	6		
C3	电解电容	10μF/50V	3		
C12、C13	电解电容	220μF/50V			
C1	电解电容（贴片）	A106	1	按图 2(e) 安装	
Y1	晶振	12.000MHz	1	贴底板安装	
IC1、IC2	集成块（贴片）	74ALS244	2	对脚号贴底板安装	
IC4	集成块（配座）	GAL16V8	1	配座对脚号贴底板安装	
IC8	稳压器（配散热器）	LM7812	1	用螺钉将 LM7812 与散热器固定，将 LM7812 直插装入电路板，压紧固定后再进行焊接	

（描述）

以上各元器件插装顺序是：

图样

图1 (a)　图1 (b)　图1 (c)　图2 (a)　图2 (b)　图2 (c)　图2 (d)　图2 (e)　图2 (f)

旧底图总号	更改标记	数量	更改单号	签名	日期		签名	日期	第　页
						拟制			共　页
底图总号						审核			第　册
						标准化			第　页

项目设计重点：

① 各元器件插装顺序。

② R1～R8、R9～R14、C3、C12～C13、C1、Y1、IC1～IC2、IC4、IC8 装配工艺要求。

任务一小结

任务一介绍了 THT 和 SMT 元器件的装配焊接工艺，装配工艺卡的编制方法，以及元器件的插装顺序。

实训作业

① 请把表 4-3 中的"序号（位号）"列出的各元器件，在"以上各元器件插装顺序是："一栏中编制插装顺序（可归类处理）。

② 根据表 4-3 中的"图样"，在"工艺要求"一列的空格中填写工艺要求。

表 4-3 装配工艺过程卡片（3）

描述	装配器件			工序名称	产品图号	
				插件	PCB-20120628	
	序号(位号)	装入件及辅助材料代号、名称、规格		数量	工艺要求	工装名称
		代号、名称	规格			
	C4、C5	0805 贴片电阻器	104	2	按图 1(a) 安装，注意不要倾斜	镊子、剪刀、电烙铁等常用装接工具
	C9	0805 贴片电阻器	224	1		
	C6	0805 贴片电容器	100pF	1		
	C10、C11	电解电容器	10μF/25V	2		
	VD1～VD4	贴片二极管	1N4007	4	贴底板安装、焊接，注意极性	
	LED1～LED2	数码管	0.56in	2	贴底板安装、焊接，注意方向	
	IC1	三端稳压器	LM7805	1		
	K1	继电器	5V	1	贴底板安装、焊接	

以上各元器件插装顺序是：

图样

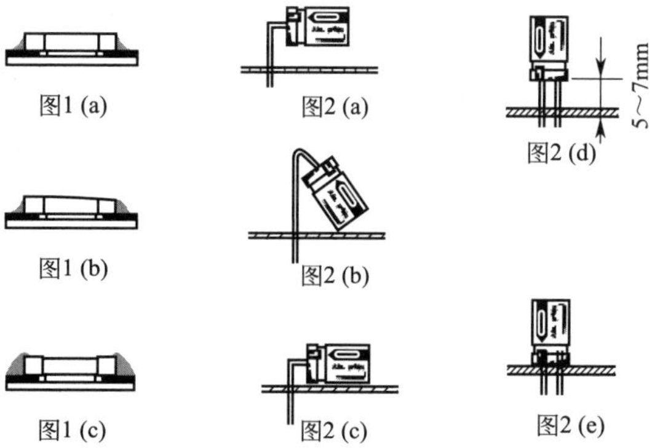

图1 (a)　　图2 (a)　　图2 (d)　　5～7mm

图1 (b)　　图2 (b)

图1 (c)　　图2 (c)　　图2 (e)

旧底图总号	更改标记	数量	更改单号	签名	日期		签名	日期	第　页
						拟制			
						审核			共　页
底图总号						标准化			第　册
									第　页

任务二 ▷▷▷

印制电路板抄板的方法及步骤

🖋 知识目标

① 了解普通电子厂/业余抄板的方法与步骤；
② 掌握简易单面板/双面板的手工抄板方法。

🖋 技能目标

① 了解利用扫描仪、Altium软件、Photoshop软件对电路板抄板的步骤；
② 掌握纯手工对简易单面板/双面板抄板的能力；
③ 能够完成亚龙291模块的抄板。

🖋 任务概述

我们已经在前面学习了电路原理图的设计和印刷电路板的设计，而学习电路设计还有一条捷径可以快速提高我们的设计水平，那就是分析经典电路设计。批量生产的电子成品，如电视机、显示器等都是比较成熟的设计。分析此类电路的第一步，也是比较关键的一步，就是此章我们学习的"PCB抄板"。抄板也叫改板，就是对设计出来的PCB板进行反向技术研究，学习电路设计过程中的特点。

PCB抄板是PCB设计的逆向工程，即通过相关步骤制作出与原PCB电路板一模一样的电路板。通过PCB抄板技术理论上可以完成任何电子产品的仿制。

任务描述 📝

根据讲解的PCB抄板步骤，完成经典运放电路的抄板。

任务分析 🔍

若要完成经典运放电路的抄板，需要掌握电路拆焊、元器件识别、对印制电路板进行测绘、Altium Designer13软件的使用等知识。

知识准备 ▶

对常用电子元器件能正确识别，包括元件型号、元件位置、元件参数、元件封装等；熟练使用Altium Designer 13软件；熟悉抄板步骤与方法。

一、普通电子厂/业余抄板步骤及方法

普通电子厂或业余抄板人员的抄板方法一般为：先将PCB线路板上的元器件拆下来做成BOM清单，再将PCB空板放入扫描仪扫描成图片，经过抄板软件处理还原成PCB板图文件，将文件送制板厂加工，焊接上元器件调试。

1. 制作 BOM 清单与拆件

BOM 清单：就是物料清单，指产品所需要的零部件的清单及组成结构。

① 对于需要抄板工作的 PCB，首先用数码相机拍几张元器件位置的照片，注意拍摄效果；打印或手画一份表格填写 PCB 板上所有元器件的型号、参数、位置编号以及封装参数等，尤其是二极管、三极管的方向，IC 缺口的方向，电容器极性等。

② 逐一拆掉 PCB 板上的元器件。按从高到低、从大到小的顺序拆卸并再次核对元器件位置编号、序列编号。

③ 拆板完成后，根据记录元器件信息的序列清单，就可以制作 BOM 清单了。也就是通过对元器件进行测试与分析，将元器件的所有相关参数汇总成表格。常用的仪器有电桥测试仪、高精度万用表等。测量数据越精准，越能保证 BOM 清单的准确度。

④ 制成 BOM 清单后就需要进行物料采购。

2. 扫描仪扫描

① 将拆掉所有元器件的 PCB 板焊盘孔里的锡去掉。用酒精将 PCB 清洗干净，最好用砂纸将 PCB 走线打磨出来（打磨方向要与扫描仪的扫描方向垂直）。然后放入扫描仪内，扫描仪扫描的时候需要稍调高一些扫描的像素，以便得到较清晰的图像。启动 PHOTOSHOP 软件，用彩色方式将两层分别扫入。注意，PCB 在扫描仪内的摆放一定要横平竖直，否则扫描的图像就无法使用。

② 调整画布的对比度、明暗度，使有铜膜的部分和没有铜膜的部分对比强烈，然后将次图转为黑白色，检查线条是否清晰，如果不清晰，则重复本步骤。如果清晰，将图存为黑白 BMP 格式文件 TOP. BMP 和 BOT. BMP，如果发现图形有问题还可以用 PHOTOSHOP 软件进行修补和修正。

3. Altium Designer13 软件合成

① 将扫描所产生的两个 BMP 格式的文件分别转为 Altium Designer 格式文件，在 Altium Designer 中调入两层，如果两层的焊盘和过孔的位置基本重合，表明前面的 BOM 清单的制作、拆件、扫描仪扫描等几步做得不错。如果有偏差，重新把扫描文件调入两个 BMP 格式文件进行对板。PCB 抄板是一项极需要耐心的工作，因为一点小问题都会影响到质量和抄板后的匹配程度。

② 将 PCB 顶层（TOP 层）的 BMP 转化为 TOP. PCB，注意要转化到丝印层（SILK 层），就是黄色的那层，然后在顶层描线即可，并且根据所拍摄的元器件位置放置器件。画完后将丝印层删掉。不断重复直到绘制好所有的层。

③ 在 Altium Designer13 中将 TOP. PCB 和 BOT. PCB 调入，合为一个图即可。

④ 用激光打印机将顶层、底层分别打印到透明胶片上（1:1 的比例），把胶片放到那块 PCB 上，比较一下是否有误。

二、 简易单面板/双面板抄板技巧

有时候我们需要对个别小规模的单面板/双面板（10～20 个元件）还原出电路原理图。专业的抄板厂家成本太高，为节省成本与时间，需要我们进行手工抄板。下面介绍一些手工抄板的技巧：

① 首先要选择体积大、引脚多并在电路中起主要作用的元器件（如集成电路、变压器、晶体管等）作为基准核心点，然后从选择的基准核心点各引脚开始画图。

② 正确区分元器件的元件序号（如 VD1、R1、C1 等）。如果印制板上未标出元器件的序号，为便于分析与校对电路，最好自己给元器件编号。制造厂在设计印制板排列元器件时，为使铜箔走线最短，一般把同一功能单元的元器件相对集中布置。找到某单元起核心作用的器件后，只要顺藤摸瓜就能找到同一功能单元的其他元件。

③ 正确区分 PCB 板的地线、电源线和信号线。为了防止 PCB 板上信号产生自励、提高 PCB 板的抗干扰能力，一般把地线铜箔设置得最宽（高频电路则常有大面积接地铜箔），电源线铜箔次之，信号线铜箔最窄。在模拟电路、数字电路共同存在的电子产品中，PCB 板上往往将各自的地线分开，形成独立的接地网络。

④ 在抄板时，若带有元器件，不管是单面板还是双面板都应用万用表通断挡测量网络的实际连接情况，以便保证抄板准确。

⑤ 在画图时，可用 Altium Designer13 软件边抄板边画图。也可先画草图，画草图时推荐用多色彩笔把电源线、地线、信号线、元器件以不同颜色标出，以便使图纸更加醒目，方便分析。

⑥ 应当熟练掌握一些基本单元电路的画法，比如整流滤波电路、稳压电路、运放或数字集成电路等，提高画图速度。

任务实施

原经典运放电路印刷电路板如图 4-9 所示，开始抄板前先用相机拍几张照片。

图 4-9　原经典运放电路印刷电路板

抄板步骤：

① 将元器件按照从大到小、从高到低的顺序依次从电路板上拆卸下来。在拆元器件时不可暴力拆除，以免损坏导致无法测量参数。同时用记录本和笔记下元器件标号（如 R5、R6、Q1 等标识）并将元器件放于标号位置，如图 4-10 所示。电路板拆完元器件后要用烙铁把焊盘的锡清理掉，拆完后的电路板如图 4-11 所示。

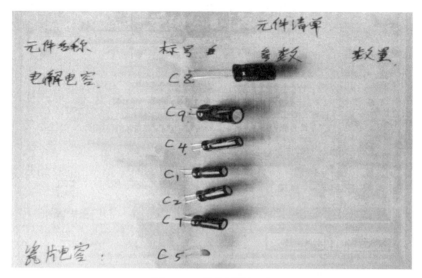

图 4-10 部分拆件记录

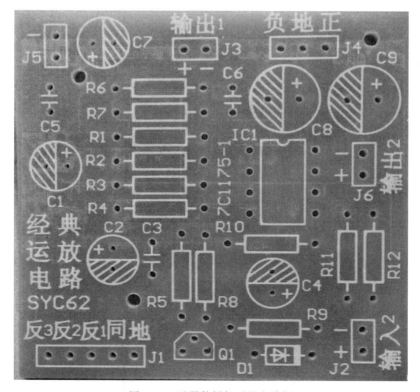

图 4-11 元器件拆卸后的电路板

② 根据拆件记录，分别测试各元件的参数，并且详细记录。若抄板要求很高，需要测量或查找元器件封装。常用的测量仪器有万用表、数字电桥等。

③ 上述工作完成后就可开始手工抄板了。抄板时首先确认核心元件，此电路的核心元件是集成电路 LM358（注意集成电路的引脚顺序），根据 LM358 向周围查找与之相连的元器件，从里向外逐层连接。然后区分电源线、地线、信号线。地线最宽，电源线等于或略小于地线，信号线最窄。根据这几点我们可以用 Altium Designer13 软件画出如图 4-12～图 4-15 所示原理图。原理图绘制完成后，编辑输出 BOM 清单，如图 4-16 所示。

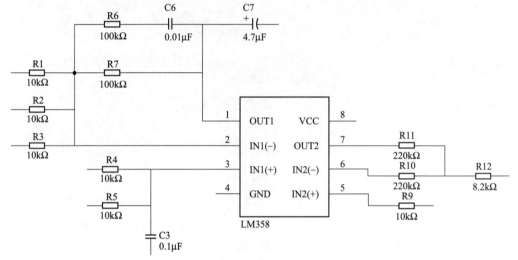

图 4-12　部分原理图

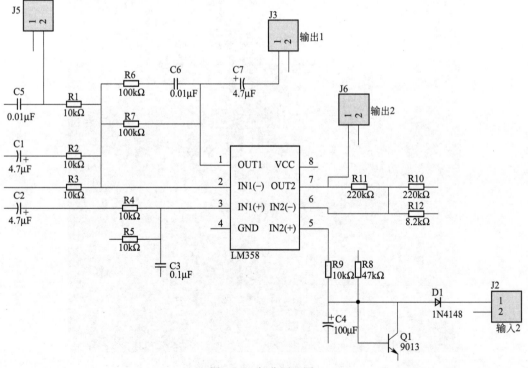

图 4-13　部分原理图

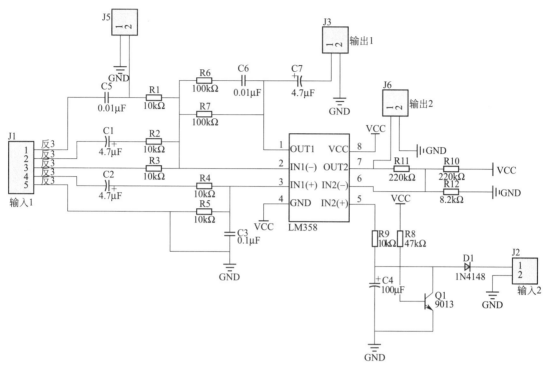

图 4-14　部分原理图

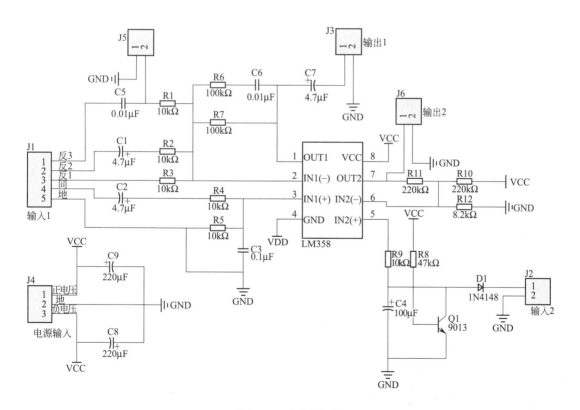

图 4-15　完整原理图

注释	编号	封装	数量	参数
三极管 9013	Q1	TO-92A	1	
瓷片电容Cap	C3	RAD-0.1	1	0.1μF
电解电容Cap Pol1	C4	PCBComponent_1 - du	1	100μF
端子座Header 3	J4	HDR1X3	1	
端子座Header 5	J1	HDR1X5	1	
集成电路LM358	U1	DIP-8	1	
电阻Res2	R12	AXIAL-0.4	1	8.2kΩ
电阻Res2	R8	AXIAL-0.4	1	47kΩ
二极管1N4148	D1	DO-35	1	
瓷片电容Cap	C5, C6	RAD-0.1	2	0.01μF
电解电容Cap Pol1	C8, C9	PCBComponent_1 - du	2	220μF
电阻Res2	R10, R11	AXIAL-0.4	2	220kΩ
电阻Res2	R6, R7	AXIAL-0.4	2	100kΩ
电解电容Cap Pol1	C1, C2, C7	PCBComponent_1 - du	3	4.7μF
端子座Header 2	J2, J3, J5, J6	HDR1X2	4	
电阻Res2	R1, R2, R3, R4, R5, R9	AXIAL-0.4	6	10kΩ

图 4-16　制作的 BOM 清单

④ 在原理图中检查各元器件封装是否合适，然后导出网络表与元器件到 PCB 编辑界面按照原电路板尺寸、元器件位置进行布局布线等操作，若布线更合理可适当调整元器件位置。布局完成后的效果如图 4-17 所示，布线完成后效果如图 4-18 所示，敷铜等操作后的效果如图 4-19 所示。

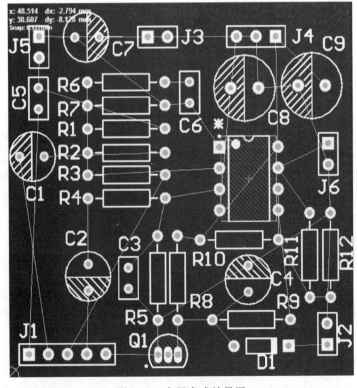

图 4-17　布局完成效果图

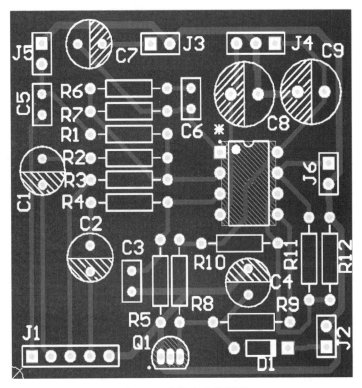

图 4-18　布线完成效果图

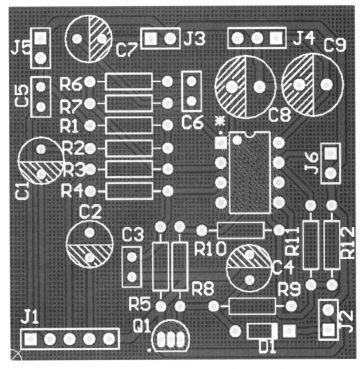

图 4-19　敷铜完成效果图

⑤ 布局、布线完成后对照原电路板再次检查，是否有漏标、错标元器件位号，电气连接是否正确等。若无上述问题，可根据加工要求输出文件送制板厂打样测试。

拓展训练

对亚龙 EDM113 语音放大模块进行抄板，如图 4-20、图 4-21 所示。

主要步骤：

① 对完整电路外观进行拍照，记录模块原始数据。

图 4-20 模块正面

图 4-21 模块反面

② 将元器件按照从大到小、从高到低的顺序依次从电路板上拆卸下来。在拆元器件时不可暴力拆除，以免损坏导致无法测量参数。同时记录元器件标号以及标号位置。拆卸完成的电路板如图 4-22、图 4-23 所示。

图 4-22 拆完元件正面

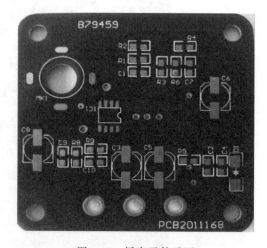

图 4-23 拆完元件反面

③ 完成后将焊点多余焊锡去除就可以手工抄板了。EDM113 是贴片双面板，抄板时首先确认核心元件，此电路的核心元件是集成电路 LM358（注意集成电路的引脚顺序），然后进行电源部分的抄板，LED 指示灯有一个通孔贯穿了板子的正反面，此部分

为双面走线，若不熟悉可用万用表测量与通孔相连的导线接在哪个元件上（双面板抄板的常用做法）。然后边测量边手工画出原理草图，如图 4-24 所示。我们再根据草图用 Altium Designer13 软件整理画出如图 4-25 所示原理图。原理图绘制完成后，编辑输出 BOM 清单，如图 4-26 所示。

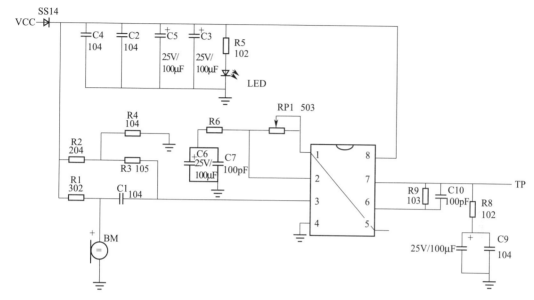

图 4-24　手工抄板草图

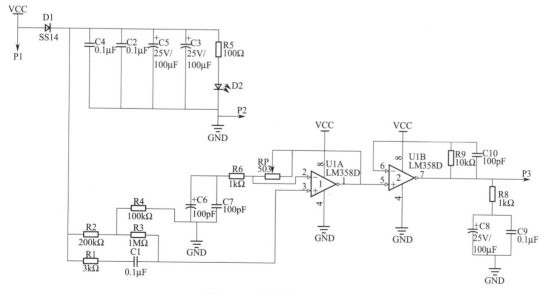

图 4-25　完整抄板原理图

④ 检查各元器件封装是否合适，导出网络表与元器件到 PCB 编辑界面。根据需要设置线路板尺寸，元件布局参考原线路板布局，若布线更合理可适当调整元器件位置。布局完成后的效果如图 4-27 所示，双面布线完成后效果如图 4-28 所示，敷铜等操作后的效果如图 4-29 所示。

名称	编号	封装	数量	参数
无极性电容	C10	RESC2012M	1	100pF
钽电容	C6	BComponent_1 - duplic	1	100pF
精密可调电阻	RP	VR5	1	
发光二极管	D2	DSO-F2/D6.1	1	
话筒 MIC	U2	BComponent_1 - duplica	1	
电阻 Res2	R1	RESC2012M	1	3kΩ
电阻 Res2	R2	RESC2012M	1	200kΩ
电阻 Res2	R3	RESC2012M	1	1MΩ
电阻 Res2	R4	RESC2012M	1	100kΩ
电阻 Res2	R5	RESC2012M	1	100Ω
电阻 Res2	R9	RESC2012M	1	10kΩ
贴片二极管 SS14	D1	DIODE_SMC	1	
LM358D	U1	SOIC127P600-8L	1	
电阻 Res2	R6, R8	RESC2012M	2	1kΩ
钽电容	C3, C5, C8	BComponent_1 - duplic	3	25V/100μF
输入输出口	P1, P2, P3	PIN1	3	
无极性电容	C1, C2, C4, C7, C9	RESC2012M	5	0.1μF

图 4-26 制作的 BOM 清单

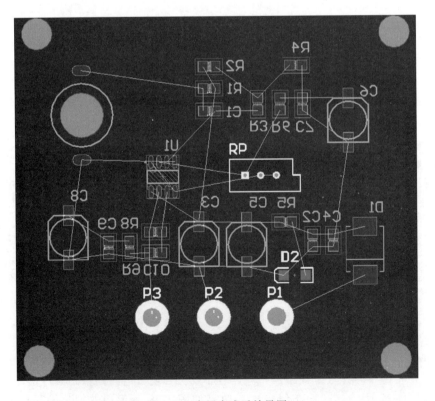

图 4-27 布局完成后效果图

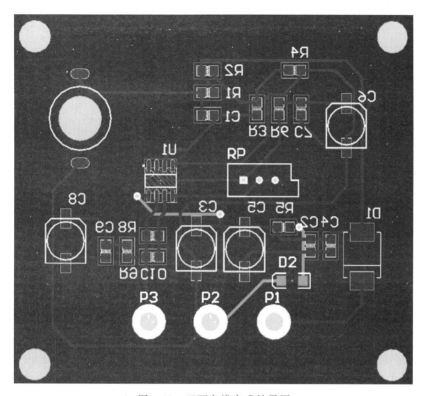

图 4-28 双面布线完成效果图

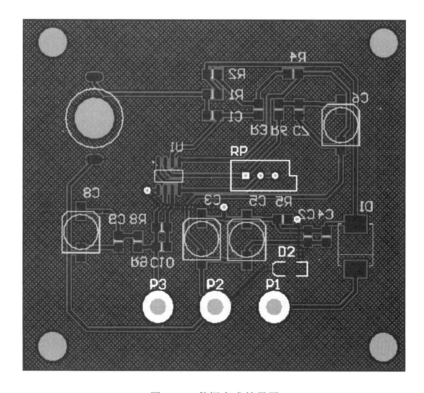

图 4-29 敷铜完成效果图

⑤ 利用 Altium Designer13 软件设计完成后，再次检查元件、元件封装、电气连接是否正确。最后将文件送至 PCB 制板厂打样测试。

知识拓展

多层板的分层方法：对于多层线路板的抄板，可以理解为重复地抄多个板层，然后对焊盘与过孔进行软件合成。

多层板之所以让人望而生畏，是因为我们无法看到其内部的走线。一块精密的多层板，我们怎样才能看到其内部的走线呢？那就是分层。

现在分层的办法有很多，有药水腐蚀、刀具剥离等，但很容易把层分过头，破坏内部结构，丢失资料。经验告诉我们，砂纸打磨是最准确的。

当我们抄完 PCB 的顶层与底层后，一般的方法是用砂纸打磨，磨掉表层显示内层；砂纸就是五金店出售的普通砂纸，一般平铺 PCB，然后按住砂纸，在 PCB 上均匀摩擦（如果板子很小，也可以平铺砂纸，用一根手指按住 PCB 在砂纸上摩擦）。要点是要铺平，这样才能磨得均匀。

丝印与绿油一般一擦就掉，铜线与铜皮就要好好擦几下。当然力气大，花的时间会少一点；力气小花的时间就会多一点。磨板是目前分层用得最普遍的方案，也是最经济的。

任务二小结

任务二从普通电子厂抄板和简单电路手工抄板两方面介绍了印刷电路板的抄板方法，详述了抄板的步骤及注意事项。通过项目案例的真实操作使内容与实际环境相连，拓展了学生的知识与技能。

本任务重点在于熟记手工抄板的步骤以及注意事项，要想正确地抄板，要对电路的走向、元件的电气连接相对熟悉，对元器件的参数，尤其是封装大小要了解，对 Altium Designer13 软件要熟练使用。在重新设计电路板的过程中，所使用的元件的封装要联系实际，实际测量后再选择。抄板过程中一定要细致、耐心。只有做到上述要求，再加上多加练习，普通小规模抄板大家一定能成功。

实训作业

亚龙 291 套料（PT100 传感器模块）的抄板。

要求：

① 根据 PT100 模块实物进行抄板。用 Altium Designer13 软件画出原理图；

② 简述自己抄板的步骤与不足。

任务三　▷▷▷
制作印制电路板的方法及步骤

知识目标

① 熟悉 PCB 制板厂加工印刷电路板所需要的设计文件；

② 掌握实训室手工制作单面敷铜电路板的方法。

技能目标

① 熟悉 Altium Designer13 软件的 Gerber 文件输出步骤；

② 掌握印制电路板单面板的制作步骤；

③ 能够独立根据原理图制作出简易的单面印刷电路板。

任务概述

通过本书前几个项目讲述的 Altium Designer13 软件的使用，我们学会了电子线路原理图的绘制、PCB 的设置编辑。但是在实际生产中，我们需要把我们的设计变为真实的产品，也就是把我们设计的 PCB 文件交由 PCB 制板厂加工（或者通过简易仪器与手工配合加工）出电路板，再由其他人员通过焊接元器件、调试、装配等工艺做成产品。本任务我们来学习如何输出制板厂所需的加工文件以及实验室手工制板的方法。

任务描述

根据多功能六位电子钟原理图，用 Altium Designer13 软件绘制原理图并设计单面 PCB 板，要求 PCB 板大小为 105mm×55mm。利用实训室制板器材做出单面 PCB 板，并对其进行焊接，调试后能够正常使用。

任务分析

启动 Altium Designer13 软件，绘制原理图，定义 PCB 板大小等参数，从原理图导出网络表与元器件，设计出较合理的 PCB 板图。根据实训室手工制板步骤做出 PCB 板。完成后焊接元器件，调试。

知识准备

能够熟练使用所学的 Altium Designer13 软件进行原理图的绘制与 PCB 板的设计，个别元器件的原理图封装与 PCB 封装能够熟练画出。熟悉新内容"实训室手工制板的方法及步骤"，有一定的动手能力。

一、实训室手工制板工具简介

① 热转印机：用于将打印在热转印纸上的线路通过高温转印在敷铜板上，如图 4-30 所示。

图 4-30　热转印机

② 腐蚀槽：用于腐蚀热转印好的线路板，如图 4-31 所示。

③ 黑白激光打印机：用于打印 PCB 加工线路图，如图 4-32 所示。

图 4-31　PCB 腐蚀槽

图 4-32　黑白激光打印机

④ 微型精密台钻：用于线路板的打孔，如图 4-33 所示。

图 4-33　微型精密台钻

图 4-34　热转印纸

⑤ 热转印纸：用于把 PCB 线路通过压力和温度转换到敷铜板上，如图 4-34 所示。

⑥ 敷铜板：电路与元器件的载体，如图 4-35 所示。

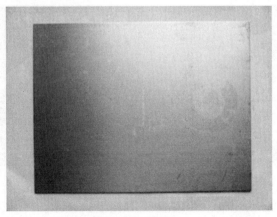

图 4-35　敷铜板

⑦ 此外，在制作 PCB 板时还会用到计算机、钢刀、尺子、油性笔、耐高温胶带等工具。

二、实训室手工制板方法与步骤

1. 电路板打印

将设计好的电路板用转印纸打印出来，注意电路打印在光滑的一面，一般打印两张电路板，可根据电路规模大小选择一张纸上打印两张电路板或两张纸上各打印一份电路板。在其中选择打印效果最好的制作电路板。

2. 敷铜板裁剪

敷铜板一般有单面双面之分。单面板只有一面敷有铜膜，双面板两面都敷有铜膜，将敷铜板裁成与电路板一般大小，不要过大，以节约材料。

3. 敷铜板处理

新的敷铜板裁剪完成后可直接使用，但有时敷铜板会有氧化现象，此时用细砂纸把敷铜板表面的氧化层打磨掉，以保证在转印电路板时，热转印纸上的炭粉能牢固地印在敷铜板上。打磨好的标准是板面光亮，没有明显污渍和暗斑。

4. 转印电路板

将打印好的热转印纸裁剪成合适大小，把印有线路的一面贴在敷铜板上，对齐后用耐高温胶带把热转印纸固定在敷铜板上。固定过程中应避免两者之间的摩擦，以免损坏线路。放入时一定要保证转印纸没有错位。一般来说经过 2~3min 转印，线路就能很牢固地转印在敷铜板上。热转印机要提前预热，温度设定在 160~200℃。由于温度很高，操作时注意安全!

5. 线路板腐蚀

热转印完成后先检查一下电路板是否转印完整，若有少数没有转印好的地方可以用黑色油性笔修补，然后就可以腐蚀了。腐蚀要放入腐蚀槽中，有条件时可使用加温棒与充氧泵加速腐蚀速度，水温应保持 50℃左右。等线路板上暴露的铜膜完全被腐蚀掉时，将线路板从腐蚀液中取出清洗干净，这样一块线路板就腐蚀好了。腐蚀剂现在一般用过硫酸钠，与水的配比为 1:3。由于要使用腐蚀性溶液，操作时一定注意安全!

6. 线路板钻孔

腐蚀完成后就要对线路板钻孔了。依据电子元件引脚的粗细选择不同的钻针。在使用钻机钻孔时，线路板一定要按稳，钻机速度不能开得过慢，过慢容易损坏钻针。

7. 线路板处理

钻孔完后，用细砂纸把敷在线路板上的墨粉打磨掉，用清水把线路板清洗干净。若要使线路板焊接元件时上锡容易，水干后，可用松香水涂在有线路的一面。为加快松香凝固，我们用热风机加热线路板，只需 2~3min 松香就能凝固。此种方法在焊接完成后需用洗板水清洁线路板（因为会有过多黑色松香残留）。

任务实施

① 根据多功能六位电子钟原理图（如图 4-36 所示）绘制原理图，设计单面 PCB 板图，并制作出电路板，焊接元器件，对电路调试。

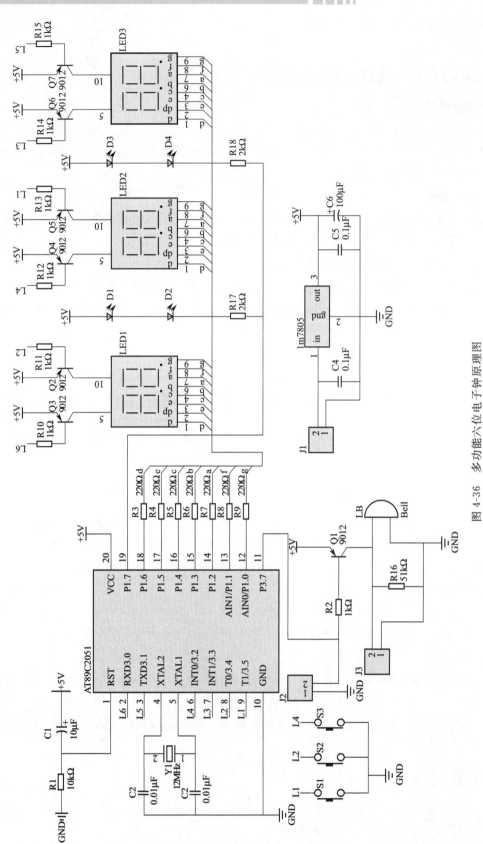

图 4-36 多功能六位电子钟原理图

② 根据原理图制作出 PCB 单面板，大小为 105mm×55mm，如图 4-37 所示。

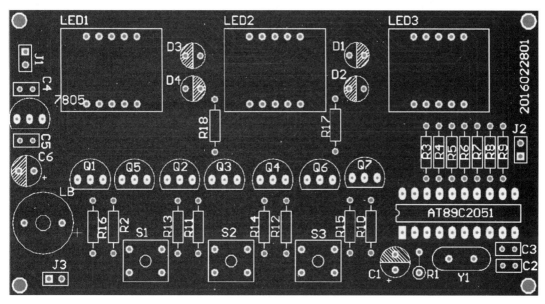

图 4-37 多功能六位电子钟 PCB 板图

③ 完成设计后，在 PCB 编辑界面依次点击"菜单栏文件"→"页面设置"，弹出如图 4-38 所示"Composite Properties"对话框。其中打印纸尺寸选择 A4，肖像图；缩放比例改成 1.00，也就是 1∶1 的比例；颜色设置选择"单色"。

图 4-38 "Composite Properties"对话框

④ 在"Composite Properties"选项卡里选择"高级"，弹出 4-39 所示对话框。勾选图中的选项。鼠标双击 Top Layer，在下拉列表中把顶层/顶层丝印全部隐藏，如图 4-40、图 4-41 所示。

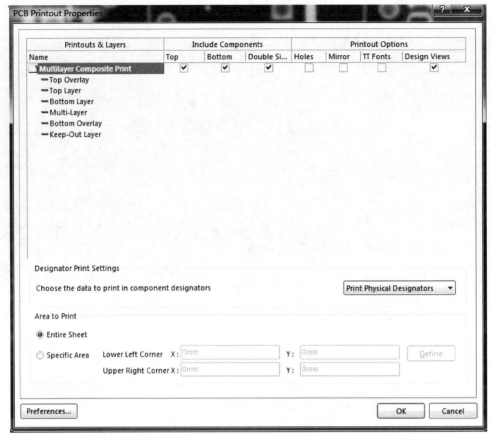

图 4-39　Composite Properties 高级选项对话框

图 4-40　Top Layer 层设置　　　　　　　　　图 4-41　Top Overlay 层设置

⑤ 设置完成后点击"OK"按钮退出。然后点击"文件""打印预览"选项，弹出如图4-42所示的对话框，这样就可用黑白激光打印机打印电路了。为保证焊盘在腐蚀后的完整性也可设置成图4-43所示的形式（方法就是把图4-39中的Holes的勾去掉）。打印时应将电路打印在转印纸光滑的一面。

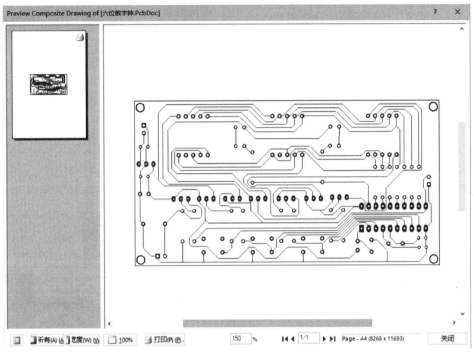

图4-42 打印预览1对话框

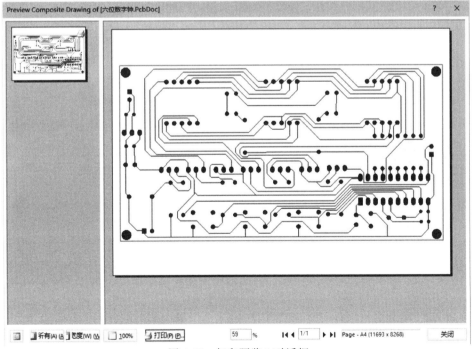

图4-43 打印预览2对话框

⑥ 打印完成后选择合适的敷铜板，将转印纸上的电路贴着敷铜板有敷铜的一面，并用耐高温胶带把转印纸粘贴好（注意：此过程中尽量避免敷铜板与电路之间的摩擦，以免损坏电路）。完成后如图 4-44 所示。

图 4-44　贴好热转印纸的敷铜板

⑦ 做完上述步骤后就开始热转印，将粘贴好的敷铜板放入热转印机，有电路的一面向下。在转印机温度 180℃ 的情况下 5～10min 就可完成转印，如图 4-45 所示。

图 4-45　热转印机热转印电路

⑧ 在腐蚀槽/箱里加入环保蚀刻剂，蚀刻剂与水的比例要适当，最大不要超过 1∶3。水温以 30～50℃ 为宜。有条件时可加入一台水族箱充氧机来加速腐蚀。把转印好的敷铜板放入配制好的溶液中进行腐蚀。完成后经过裁剪的电路板如图 4-46 所示。

⑨ 利用台钻对焊盘进行打孔，根据封装的焊盘孔径选择钻头大小，如图 4-47 所示。

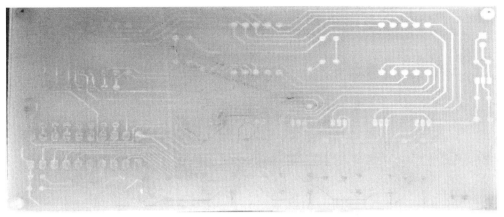

图 4-46　腐蚀裁剪后的电路板

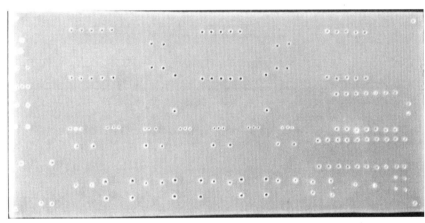

图 4-47　打孔过后的电路板

⑩ 在 PCB 编辑界面依次点击"菜单栏文件"→"页面设置",弹出"Composite Properties"对话框。参数设置与图 4-38 相同,然后点击"高级"选项。把对话框左上角的底层、底层丝印(bottom layer、bottom overlay)删除或双击进入对话框隐藏该层,双面板时还需要把顶层(top layer)删除或双击进入对话框隐藏该层。点击 OK 按钮,退出后再次点击"文件"→"打印预览"显示的是 PCB 板丝印层,如图 4-48 所示。

⑪ 用转印电路的方法把丝印层转印到敷铜板的另一面,由于是第二次转移,容易造成电路/焊盘与丝印层错位的现象。丝印层转印完成效果如图 4-49 所示。

⑫ 按照原理图将元器件焊接在做好的印制电路板上,效果如图 4-50 所示。

拓展训练

Gerber 文件的输出方法。

项目设计要求:一般 PCB 制板厂所需要的加工文件为 Gerber 文件,Altium DesignerB 的原文件也可以。在送厂家加工 PCB 时,可以向厂家确认一下你所送的 Gerber 或原文件是否正确。同时最好要有说明,比如板厚(通常 1.6mm),阻焊和字符颜色(通常分别为绿色/白色),表面工艺(通常为有铅喷锡),板子尺寸,交货期,特殊要求等。还要注意隐藏的文字是不会印的,保留元件识别符号方便安装就行。还有是否需要加生产周期,厂家标志或自己的标识,这些都要说明。

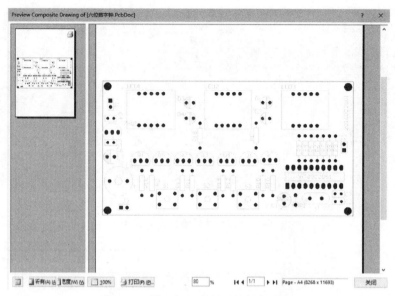

图 4-48　设置好丝印层后的打印预览

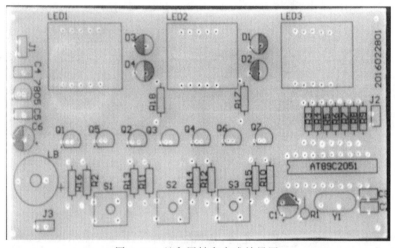

图 4-49　丝印层转印完成效果图

图 4-50　经典运放制作完成后效果图

项目设计步骤如下：

① Gerber 文件第一次输出（底层/顶层电路）。

② Gerber 文件第二次输出（钻孔层）。

③ Gerber 文件第三次输出（钻孔数据）。

1. Gerber 文件的第一次输出

① 打开 Altium Designer13 软件，找到设计好的 PCB 板图，如图 4-51 所示。

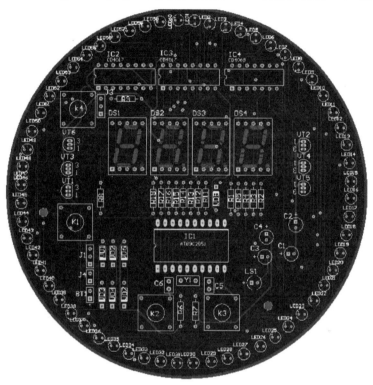

图 4-51　时钟设计图

② 在 PCB 环境中，右键依次单击"文件"→"制造输出"→"Gerber Files"，弹出如图 4-52 所示 Gerber 设置界面。

③ 在"通用"选项里面单位选"英寸"，格式选择"2:5"，如图 4-52 所示。

④ 在"层"选项里面勾选"包括未连接的中间层焊盘"，然后在画线层下拉列表中选择"所有使用的"，在映射层下拉列表中选择"所有的关闭"，对话框右侧的机械层不要选，如图 4-53 所示。

⑤ 在"光圈"选项中勾选"嵌入的孔径（RS274X）（E）"，如图 4-54 所示。"高级"选项里面，在"Leading/Trailing Zeroes"区域，选中"Suppress leading zeroes"，如图 4-55 所示。点击"确定"按键，进行第一次输出，如图 4-56 所示。

2. Gerber 文件的第二次输出

① 在 PCB 环境中，再次右键依次单击"文件"→"制造输出"→"Gerber Files"，在"层"选项里面取消勾选"包括未连接的中间层焊盘"，然后在画线层下拉列表中选择"所有的关闭"，在映射层下拉列表中选择"所有的关闭"，对话框右侧的机械层勾选有关板子外框的机械层，如图 4-57 所示。

图 4-52 Gerber 设置界面

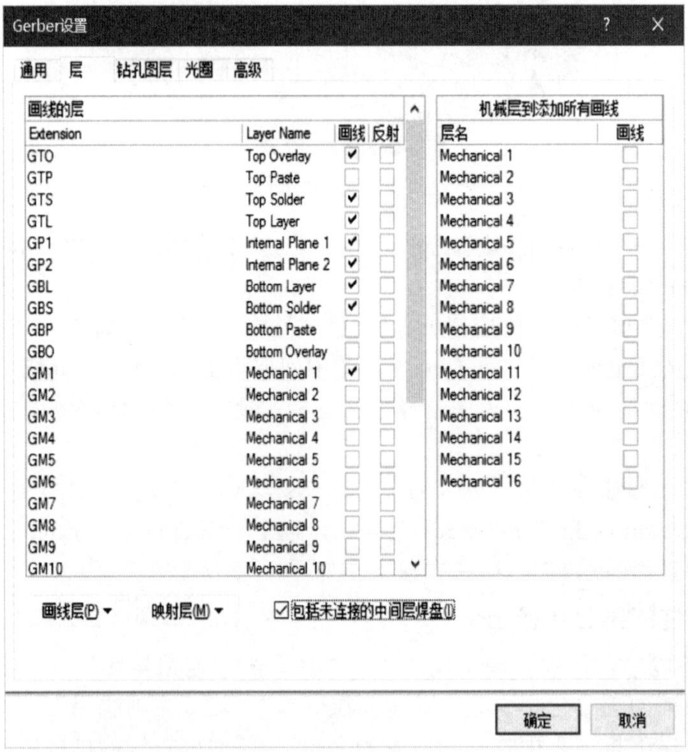

图 4-53 Gerber 设置界面信号层设置

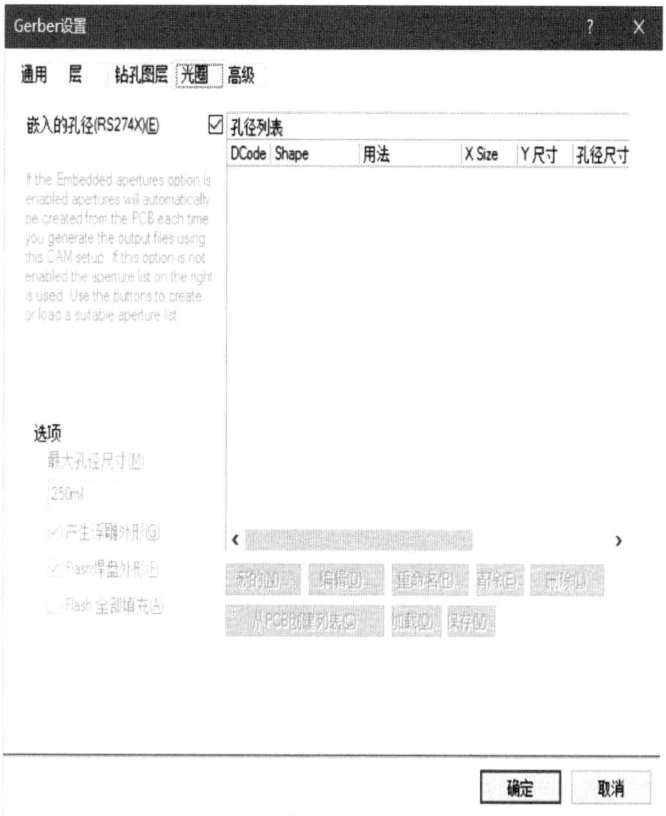

图 4-54 Gerber 设置界面光圈设置

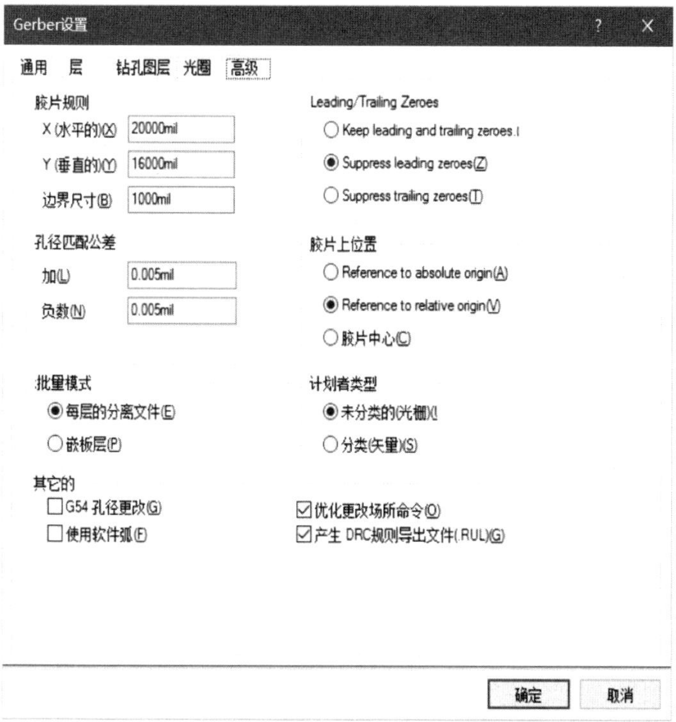

图 4-55 Gerber 设置界面高级设置

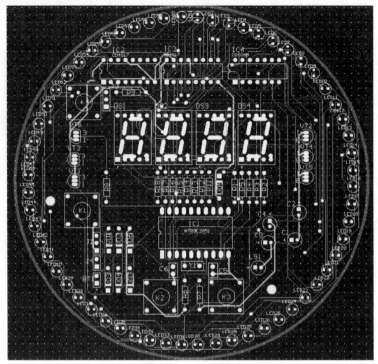

图 4-56　Gerber 文件第一次输出

图 4-57　Gerber 设置界面机械层设置

　　② 在"钻孔图层"选项里面，选择你要导出的层对。一般选择"所有已使用层对的图"，"反射区"不用选中。钻孔绘制图和钻孔栅格图做同样的选择，点击"确认"按键，进行第二次输出，如图 4-58 所示。

3. Gerber 文件第三次输出

① 在 PCB 环境中，再次右键依次单击"文件"→"制造输出"→"NC Drill Files"，进入 NC 钻孔设置界面，单位选择"英寸"，格式选择 2∶5。在"Leading/Trailing Zeroes"区域，选中"Suppress trailing zeroes"，和之前 Gerber 设置的"高级"选项里面要保持一致，其他默认选项不变，如图 4-59 所示。

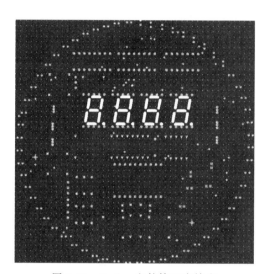

图 4-58　Gerber 文件第二次输出

图 4-59　NC 钻孔设置界面

② 点击"确认"按键，进行第三次输出。在弹出来的"输入钻孔数据"界面里左键点击"确认"按键，进行输出，如图 4-60、图 4-61 所示。

图 4-60　"输入钻孔数据"对话框

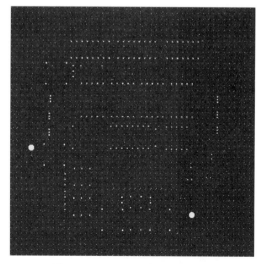

图 4-61　Gerber 文件第三次输出

把当前目录中生成的加工文件进行打包压缩，发给 PCB 制板厂进行加工。

学习要点

本任务的学习实践中，原理图正确的情况下，要重点为学生讲解打印电路时的软件设置以及如何用打印好电路的热转印纸包裹敷铜板才会转印出清晰、合格的电路这两项。很多学生不会打印电路或者打印好了热转印出来的电路无法使用。此两项需重点、反复讲解。

任务三小结

一块设计成功的电路板，前期的准备工作必不可少。原理图的绘制，最重要的元件封装的添加是否正确，元件之间电气连接是否正确，都影响着本任务的学习。本任务重点讲解了实验室手工制作印刷线路板的步骤、电路板的打印、敷铜板的裁剪、敷铜板的处理、电路板的转印、线路板的腐蚀、线路板的钻孔、线路板的处理。制板厂加工所需的 Gerber 文件的输出方法以实例的方式详细阐述，使知识简单化，条理化。

实训作业

红外线倒车雷达电路制作。

根据原理图制作一块 PCB 板（120mm×100mm）。原理图如图 4-62 所示。

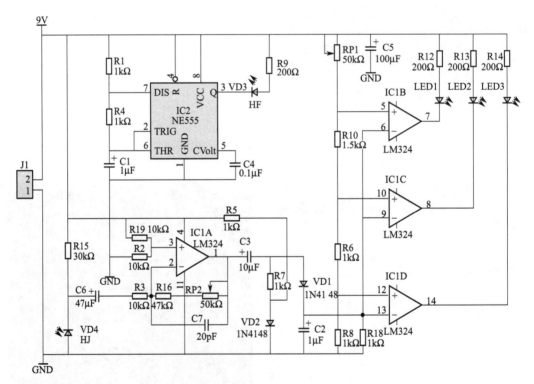

图 4-62　红外线倒车雷达原理图

参 考 文 献

［1］ 王佳佳．Protel Dxp 2004 实训与指导．广州：华南理工大学出版社，2015.

［2］ 郑梦泽．Protel Dxp 2004 原理图与电路板设计实用教程．北京：电子工业出版社，2010.

［3］ 宋新，袁啸林．Altium Designer 10 实战 100 例．北京：电子工业出版社，2014.

［4］ 缪晓中．电子 CAD-Protel 99SE．北京：化学工业出版社，2015.

［5］ 毕秀梅．电子线路板设计项目化教程（基于 Protel 99SE）．北京：化学工业出版社，2010.

［6］ 陈学平．Altium Designer 13 电路设计、制板与仿真从入门到精通．北京：清华大学出版社，2014.

［7］ 林红华，聂辉海，陈红云．电子产品模块电路及应用．北京：机械工业出版社，2011.

［8］ 孔凡才，周良权．电子技术综合应用创新实训教程．北京：高等教育出版社，2008.

［9］ 聂辉海．电子产品装配与调试．北京：机械工业出版社，2013.